U0341882

国际贸易食品安全标准的争端研究

GUOJI MAOYI SHIPIN ANQUAN BIAOZHUN DE
ZHENGDUAN YANJIU

纪 新○著

全国百佳图书出版单位

图书在版编目(CIP)数据

国际贸易食品安全标准的争端研究/纪新著. —北京: 知识产权出版社, 2016.5

ISBN 978-7-5130-3849-2

Ⅰ. ①国… Ⅱ. ①纪… Ⅲ. ①国际贸易—食品安全—安全标准—研究 Ⅳ. ①TS201.6-65

中国版本图书馆CIP数据核字(2015)第241068号

责任编辑:刘 爽　　　　　责任校对:谷 洋
封面设计:SUN工作室　　　　责任出版:孙婷婷

国际贸易食品安全标准的争端研究
纪新　著

出版发行:知识产权出版社有限责任公司		网　　址:http://www.ipph.cn	
社　　址:北京市海淀区西外太平庄55号		邮　　编:100081	
责编电话:010-82000860转8125		责编邮箱:13810090880@139.com	
发行电话:010-82000860转8101/8102		发行传真:010-82000893/82005070/82000270	
印　　刷:北京中献拓方科技发展有限公司		经　　销:新华书店及相关销售网点	
开　　本:880 mm×1230 mm　1/32		印　　张:4.00	
版　　次:2016年5月第1版		印　　次:2016年5月第1次印刷	
字　　数:70千字		定　　价:28.00元	

ISBN 978-7-5130-3849-2

目　录

引　言

　　经济的全球化使得人员和商品的国际流动日益频繁，国际卫生问题也随之逐渐凸显出来。随着食品贸易和人员往来的剧增，食源性疾病及传染病的发展，尤其是一些突发性的健康风险，从一个国家传递到另一个国家，使得很多国家及国际组织都开始广泛关注卫生安全的国际监管与合作。国际贸易中最核心的卫生问题是国际卫生标准的制定和执行问题。因为各国的经济、卫生、社会发展状况不一致，所以在国际卫生标准的制定上存在很大差距。从目前世界国际贸易的总体情况来看，食品安全贸易措施和食品安全贸易壁垒对国际食品贸易造成了极大的影响，作为食品贸易大国，我国的食品出口也频频因为食品安全问题受阻。以食品安全的国际法律规制问题为例，俗话说"民以食为天，食以安为先"，食品安全问题不仅影响着食品生产国和供应国的民众或动植物的生命健康，随着食品贸易的全球化，还影响着所涉国家甚至全球的人类健康。随着新资源食品的不断涌现以及新科技在食品生产加工等环节的应用，疯牛病、禽流感等影响范围较大的食源性疾病的爆发以及人们对食品安全标准要求越来越高，使得食品安全问题日益成为了公众、各国政府以及国际社会广泛关注的焦点。为此，各国均制定了相应的食品安全贸易措施，防止不安全的食品进入本国市场危害本国人民的生命健康。但是，由于各国对于食品安全的界定不一致，选择的保护程度不同，技术发展水平、消费者态度及国情也不同，各国无法建立起统一的食品安全贸易措施体系，不同的食品安全标准及认证程序增加了进口食品的时间成本、信息成本和其他成本（如加贴标签增加的成本），降低了进口食品的竞争力；甚至有一些食品因为不能符合进口国的食品安全法规或标准而无法进入进口国市场。有些国家为了保护本国的食品及相关产业的发展，以保护本国消费者生命健康为由，设定不合理的严格规定和高检测标准，构建食品安全贸易壁垒。

在涉及食品安全的规范性国际法律文件当中，《国际卫生条例》等国际食品安全相关规范的软法属性明显，国际社会应充分发挥并巩固世界卫生组织在国际食品安全规制领域的领导地位，优化食品安全规制之制度设计，多渠道创新规制路径以有效应对全球食品安全风险。当作为国际食品安全法律规制基础的食品安全权不断得到认可之后，相关领域国际法律规范的重点在于协调食品安全与贸易自由的冲突，突出食品安全的优先地位。

研究综述

　　国外对涉及国际贸易的食品安全标准法律制度的研究多以实践为主，理论研究较少。其研究大多是结合实际情况配合政府进行立法活动。理论研究以介绍性的时事新闻、法规介绍、热点分析等为主，系统研究的专业性论文鲜见。理论研究以介绍食品安全和国际卫生组织的法律制度和国际条约为主，尤其以介绍美国、欧盟等发达国家的卫生标准（包括食品安全）法律制度的文章居多，主要是一些法律条文的分析，还包括对食品安全法律制度的深入分析、比较研究、提出新的建议等，还有一些研究特别就食品安全法律制度对一国的食品工业生产、管理、经营的影响与食品国际贸易的关系展开了研究。

关于国际贸易中卫生标准所涉法律问题的探讨，国内学者大多集中探讨了欧共体沙丁鱼（EC-Sardines）及欧共体-荷尔蒙案件中的技术性贸易壁垒（TBT）问题，而对可能涉及的国际卫生组织等机构所制定的诸多国际卫生标准"软法"关注不足，系统探讨我国在世界卫生组织及国际食品法典组织中作用的发挥及相关领域国际软法治理之克服的论文更是鲜见。目前，国内学界就涉及国际卫生标准问题的探讨，多集中在对食品安全法律制度的研究，而且也多以时政性的新闻和短评为主，对《中国食品安全法》的研究，亦多停留在一些个别条款的分析上。近年来，有一些学者对于构建中国食品安全法律体系提出了一些很好的构想，他们认为，以食品安全取代食品卫生，是一种必然的趋势。虽然在食品科学界及卫生界对国际卫生安全标准有所探讨，但是其主要探讨的是一些技术标准及管理体系方面的问题，而对其中涉及的法律问题基本上没有涉及。此外，国内对国际食品法典委员会及世界卫生组织及相关机构，尤其是其核心运作程序和标准制定程序鲜有研究探讨。

摘　要

随着经济全球化的不断深入发展，食品贸易所涉及的食品生产（包括农产品的种植和水产品养殖等）、加工、流通、消费等不同环节也就跨越了不同的国家和地区，因为食品涉及人类生存所需要的能量供给，各国各地区因其所处地理位置、饮食文化、风俗习惯以及自然禀赋的不一致，在食品供求方面存在很大的不同，不管怎样，这些需求的差距导致食品贸易成为国际贸易的重要组成部分。再者，由于食品安全与人类健康、生态安全存在密不可分的联系，各国普遍重视食品贸易中可能存在危及人类健康及环境发展的安全因素，并通过制定各种技术标准和检疫措施对食品安全加以保障。但是由于各国传统以及经济社会发展的不平衡，各自所采纳的技术标准、相应的卫生检疫措施宽严程度及专门立法也都大相径庭。而当前有关国际组织制定的食品卫生国际标准、指南和建议还不能取代各国自身关于食品安全和卫生检疫的法律规范。因此，世界贸易组织各成员国在保护人类、动物与植物卫生或健康而采用或实施必要的食品安全措施的同时，也存在有些成员国为了保障本国的食品产业利益，利用相应技术标准和检疫措施作为新型的贸易保护壁垒，从而演变成为国际贸易领域的变相限制措施。最近一些年，世界贸易组织成员国因为食品卫生问题引发的国际贸易争端不断出现，相关典型案例本研究将在后文有所详细探讨。本书将集中探讨国际贸易中频繁出现的因为食品卫生标准问题导致的贸易争端，并就涉及食品卫生标准的几个主要国际贸易协定进行一般性的探讨。

第一章

国际贸易中的食品安全问题：
以食品安全标准为中心

第一节　食品安全标准与法规

一、标准与法规

一个社会、一个国家的平稳、可持续发展离不开标准和法规。在市场经济条件下，标准和法规是保证市场中各种要素正常流动和公平竞争的一个重要工具。因为，人类社会的各种活动都不可能孤立存在，人与人之间、社团与社团之间由于利益和价值取向的差异产生各种矛盾或纠纷，其中就需要建立一定的行为规范和相应的准则，以调整或约束人们的社会活动及生产活动，从而使良好的社会秩序得到维持。

标准是人们在社会生活（包括生产活动）中的行为规范，是一种特别的规范。在我国，国家标准化法规定，其设定必定是经过一定法定程序，经过协商一致制定并由公认机构批准，共同使用和重复使用的一种规范性文件，[1]其中，将国家标准、行业标准分为强制性标准和推荐性标准。涉及保障人体健康、人身安全和财产安全的标

---

[1] 参见我国国家标准 GB/T20000.1—2002《标准化工作指南-第 1 部分：标准化和相关活动通用词汇》对"标准"的定义。

准和法律、行政法规规定强制性执行的标准是强制性标准，不符合强制性标准的产品禁止生产、销售和进口；其他标准是推荐性标准，国家鼓励企业自愿采用。涉及食品安全标准所涉范围、制定机关权限、制定程序、查阅等，我国《食品安全法》第三章制定了较之前的《食品卫生法》更加详细的规范要求，❶详后论述。

《WTO/TBT》中对"标准"问题的界定是：为了通用或反复适用的目的，由公认机构批准的、非强制性的、为产品加工和生产方法提供规则、导则或特性的文件。标准规定了产品或相关加工和生产方法的规则、指南和特性。标准也可以包括专门适用于产品、加工或生产方法的术语、符号、包装标志或标签要求。❷

　标准是一把双刃剑，涉及良好的标准可以提高生产

---

❶ 我国 2009 年 2 月制定并通过的《食品安全法》第三章有 9 个条文对食品安全标准问题进行了一般性的规范，较之前法律对食品安全标准问题的规范要深入一些，但是在这几年运行过程中，通过与世界发达国家及国际组织颁布的食品安全标准规范要求来说还是存在一些差距的，具体该如何进一步规范食品安全标准问题将在后面的章节进行专门探讨。

❷ Cf. TBT WTO Arts. 2,3 and 4.

效率、确保产品质量、规范市场秩序和促进国际贸易，但是同时也可以利用标准技术水平的差异设置国际贸易壁垒、保护本国市场利益。因此，标准的制定其宗旨应该是保证产品质量、保护生命或健康、保护环境、防止欺诈等正当目标。标准还受到社会经济制度的制约，它是一定社会经济要求的体现，但这种体现是通过利益相关方平等协商或博弈的产物；同时，标准作为一种社会文化现象，也有其继承性，可为不同的社会关注内容服务。标准的应用非常广泛，涉及各行各业。如食品标准中除了大量的产品标准外，还有生产方法标准、试验方法标准、术语标准、包装标准、标志或标签标准、卫生安全标准、合格评定标准、质量管理标准以及制定标准的标准等，广泛涉及人们生产、生活的各个方面。

标准是市场经济运行的必备条件，是产品走向市场的桥梁，积极采用国际标准是通向国际市场的关键要素。可以说市场交易主体为了生存和发展，必须执行或制定先进的产品质量标准，以满足市场和用户的需求；为了提高产品质量和竞争力，市场交易主体必须运用标准化加快新产品开发或者执行先进的质量标准；在国际贸易领域，必须遵守的技术标准是国际条约和基本规则的技术层面的组成内容。

综上所述，标准是科学、技术和实践经验的综合成果，是先进的科学和技术的结合，是理论和实践的统一，是综合现代科学技术和生产实践的产物。标准随着科学技术与生产的发展而发展，具有动态性。它是协调社会经济活动、规范市场经济秩序的重要手段。它既是科学技术研究和生产的依据，又是贸易中签订合同、交货和验货，以及对相关纠纷进行仲裁时的依据。

二、标准及法规在国际贸易中的作用

随着国际贸易日益朝着规模化、规范化、多样化、自由化和全球化的方向发展，标准与法规在国际贸易当中的地位越来越突出。一方面，贸易本身的发展需要一个公平有序的竞争环境，要求有规范参与主体行为的共同准则，要求有统一的技术标准作为生产、交易的依据；另一方面，由于贸易主体和利益主体的层次性，导致标准体系的层次性，国际标准、国家（区域）标准和企业标准三个层次各自涵盖不同，对贸易的影响也不尽相同。

（1）国际标准包括各种国际公约、惯例和国际技术性标准，这些标准是国际贸易中各国协调的产物。而各种国际组织如世界贸易组织（WTO）、国际标准化组织（ISO）、国际电工委员会（IEC）、国际商会（ICC）等国际标准化活动的直接参与者，如 WTO/TBT 协定中所确立的有效干预原则、非歧视原则、采用国际标准原则、争端磋商机制原则、给发展中国家优惠以及不发达国家以帮助原则等，为国际贸易创造了一个公平合理及透明的环境，有利于维持国际市场的正常秩序。各种国际标准化组织都设有丰富详尽的技术标准数据库和信息网络，为国家和企业提供服务，极大地增强了世界范围内产品的通用性和兼容性，促进了国际间的技术交流，提高了生产效率，保护了消费者的切身利益，有利于国际市场的进一步融合。国际标准是协调国家利益和推行贸易自由化不可或缺的协调手段。

国际标准作为国际贸易游戏规则的一部分和产品质量仲裁的重要准则，在国际贸易中具有特殊地位和作用。因此许多国家特别是发达国家从其政治、经济整体利益考虑，总是千方百计在国际标准活动中争取领导权、发言权，意图将本国标准转化为国际标准，借此在国际贸易当中把握主动性，抢占先机。

在国际食品贸易领域，国际食品法典委员会(CAC)

所推出的标准就是国际社会广泛参与制定出来的一个得到广泛接受的食品卫生标准，但是即便如此，对该组织颁布的技术规范及规范制定过程中出现的各种争议就是一个国家在相关食品领域竞争力的体现，本书在后面将详细阐述。

（2）国家（区域）标准化可规范其内部市场，建立统一的贸易框架，实现商品、技术和服务的自由流动，引导企业生产和服务向高质量方向发展，有利于国家（区域）作为统一市场参与国际贸易，并提升国家（区域）的整体竞争力。日本是国家标准化成功的典范，其标准化管理体制为经济产业省负责全面的产业标准化法规的制定、修改、颁布及相关行政管理工作，而具体工作由日本工业标准委员会（JISC）执行。早在 20 世纪 70 年代日本就开始大规模推进工业标准化，实施产品认证和工厂日本工业标准（Japanese Industrial Standard, JIS）标志制度，❶在国际市场上树立起高质量日本产品的形象；❷欧

---

❶ 资料详见 http://www.jsa.or.jp/default_english.asp。

❷ 关于日本工业标准（JIS）的制定，由各相关行业主管大臣或业界民间团体提出标准草案，然后交由日本工业标准调查会审核评议之后发布，据此制定的 JIS 标准即为日本的国家标准。日本

盟则是区域标准化的典范，为简化并加快欧洲各国国际标准的协调❶，欧共体理事会（EEC）在 20 世纪 80 年代即采取优先采用国际标准、强化欧洲标准和弱化国家标

工业标准的合格评定制度，包括标识制度，作为符合 JIS 标准的证明，是一种产品质量保证，目前其指定的产品达到 500 多种类型。日本标准化法对国内外认证机构的认可、检测实验室认可注册也进行了规定。日本农林标准的主管大臣是农林水产大臣。其他不同领域的工业标准分别由总务大臣、文部科学大臣、厚生劳动大臣、经济产业大臣、国土交通大臣和环境大臣等主管大臣管控。日本标准化工作体制的政府控制色彩浓厚，主要采取的是政府主导、民间参与的管理体制。政府主管的标准化机构主要是日本工业标准委员会（JISC）和农林产品标准委员会（JASC）。政府认可的民间标准化组织主要有日本标准化协会（JSA），该协会的主要工作是进行标准化调查、研究、开发、信息化、教育培训等工作。另外，还有一些行业协会、学会、工业协会等民间团体，他们负责制定本行业内需要统一的标准以及参与 JIS 标准的研究起草任务。

❶ 后来，在此基础上欧盟推出了所谓的欧盟协调标准，该标准是由欧洲标准化组织根据欧洲委员会的要求来制定的符合欧盟法规要求的标准。欧盟委员会要求协调标准制定的原则必须符合欧洲法规的基本要求及其他要求。符合协调标准即可假定为符合欧盟相关指令或者法规的强制性要求。产品制造商、其他经济经营者或合格评定组织可以通过采用协调标准来证明其产品、服务或工艺流程符合相关的欧洲法规。

准的政策，此后经过多年发展，欧盟逐渐形成了由上层约 300 个具有法律强制力的欧盟指令，下层包含上万个只有技术内容、厂商可自愿选择的技术标准的双层机构的欧盟指令和技术指标体系，有效消除了欧盟内部市场贸易的障碍。❶

例如，日本政府 2012 年 2 月修订了三唑磷等农药的最大残留限量，三唑磷在日本的茶叶限量从 0.05 毫克/千克调整至 0.01 毫克/千克，这对我国茶叶出口企业打击不小，之前欧盟就三唑磷的标准已经调整为 0.02 毫克/千克。❷

（3）企业标准与国际贸易。企业要想在竞争激烈的国际市场上获得最大限度的市场份额，取得良好效益，就必须构建以客户利益、企业职工利益和社会利益相结合

❶ 关于欧盟的食物卫生标准，可以参见 http://europa.eu/legislation_summaries/consumers/consumer_information/f80501_en.htm。

❷ 无论是欧盟，还是日本，其三番五次修改或提高检测标准，出发点虽说有贸易壁垒的原因，但也是为了保护本国人民的健康——而从这一方面来看，中国做得确实还不够。建议政府不断提高各类检测标准，既保障国民身体健康，也不会因出口不过关而烦恼。参见《日本借修改农残标准提高门槛，两年内茶叶出口"惨兮兮"》。

的标准化管理体系。国际标准化组织（ISO）先后推出三大管理体系：一是以客户为对象的 ISO9000 质量管理体系，自问世以来，该体系已经被 140 多个国家和地区认同，采用为国家标准，在国际贸易中被作为确认质量保证能力的依据；二是以社会和相关方为对象的 ISO14000 环境管理标准，目的在于指导组织建立和保持一个符合要求的环境管理体系（EMS）；三是以组织员工和相关方为对象的职业健康安全管理体系（Occupational Health and Safety Assessment Series，OHSAS），目的是增强职业卫生安全意识和知识，提供更为安全卫生的工作管理，降低发生伤亡事故和职业病风险，减少职工由于疾病和伤害造成的损失。这三大管理体系反映了国际市场对产品质量、环保及安全的要求。因此，企业在标准化体系建设中注重与国际先进标准接轨，有选择地加以吸收采用，对内可以促进工作效率和管理水平的提高，对外可以树立良好的企业形象，取得用户及社会受众的认可与信任，一旦这种形象被国际社会认可接受，便构成企业核心竞争力及比较优势，有助于提高企业对外贸易的竞争力。

第二节　食品卫生与食品安全

对于本书为何使用食品卫生标准问题作为核心词，需要进行一些解释。

食品安全有两层含义，首先是指食品数量安全，是指有效的食品保障供给，从数量上反映民众消费需求的能力，又称为粮食安全（food security），粮食安全问题在任何时候都是全球各国，尤其是发展中国家在发展过程中所需要解决的首要问题；其次是指食品质量安全，也就是食品要符合人类的健康需求，也就是说人们从食品中获得营养充足、卫生安全的食品消费能满足人的正常生理需要，并对动植物以及人类赖以生存的生态环境无害，这个层次上的食品安全，英文通常表述为 food safety。各国及国际组织对食品质量安全的强调，正在凸显这个层次上的食品安全已经成为一种人类健康生活的权利。❶

国际组织对食品安全和食品卫生问题的探讨由来已久。1960 年世界卫生组织（WHO）在《加强国家级食品

---

❶ 张婷婷. 中国食品安全规制改革研究[M]. 北京：中国物资出版社，2010：6-7.

安全性计划指南》的文件中将食品安全定义为"为食品按其原定用途进行制作和食用时不会使消费者受害的一种担保";而食品卫生则被解释为"为了确保食物安全性和适用性,在食物的所有阶段必须采取的一切条件和措施"。1974 年 11 月,联合国下属机构世界粮农组织(FAO)通过《世界粮食安全国际约定》中,将食品安全定义为"保证任何人在任何时候都能得到为了生存和健康所需要的足够食品"。1996 年 11 月第二次世界粮食首脑会议通过的《罗马宣言》和《行动计划》对世界食品安全的表述是:"只有当所有人,在任何时候都能够在物质上和经济上获得足够、安全和富有营养的食物,来满足其积极健康生活的膳食需要和食品喜好时,才实现了食品安全。"1984 年世界卫生组织通过的《食品安全在卫生和发展中的作用》的文章中,将食品安全定义为:"生产、加工、存储、分配和制作食品过程中确保食品安全可靠、有益于健康并且适合人们消费的种种必需条件和措施。"该文件将"食品安全"当作为"食品卫生"的同义语。最新的世界卫生组织资料显示,食品安全被定义为:"食品中不应含有可能损害或威胁人体健康的,即可能会导致消费者急性或慢性毒害、感染疾病,或产生危及消费者及其后代健康隐患的有毒、有害物质或因素。"国际标准化组织则认为，食品安全是指食品在按照预期用途进行制备和/或食用时，不会对消费者造成伤害。

在我国，1995 年通过的《食品卫生法》对"食品卫生"的界定是"食品应当无毒、无害""防止食品污染和有害因素对人体健康的危害，保障人民身体健康，增强人民体质"。而 2009 年 2 月通过的《食品安全法》采用了"食品安全"的概念，立法机关对此转变的解释是："食品卫生虽然也是一个具有广泛含义的概念，但是与食品安全相比，食品卫生无法涵盖作为食品源头的农产品种植、养殖等环节；而且从过程安全、结果安全的角度来看，食品卫生是侧重过程安全的概念，不如食品安全的概念全面。""将原来的修改食品卫生法转变、升华为制定食品安全法，超越了原来停留在食品生产、经营阶段发生的食品安全卫生问题规定，与原来的食品卫生法相比扩大了法律调整范围，涵盖了'从农田到餐桌'的全过程,对涉及食品安全的相关问题作出全面规定，在一个更为科学的体系下，用食品安全标准来统筹食品相关标准，避免目前食品卫生标准、食品质量标准、食品营养标准之间

的交叉与重复局面"。❶

第三节　食品卫生安全、
食品卫生标准及食品安全标准

　　食品卫生安全是指提供人类食用的各种食物，在其生产、加工、运输、存储、销售、烹饪、食用等各个环节必须符合饮食卫生标准，保证各种食品所含营养和能量安全进入人体，被人体所吸收，参与人体新陈代谢。卫生安全是食品安全中最重要的安全，但也是最容易忽视的安全环节。不卫生的食品经常导致人们饮食不适或食物中毒，危害人们的身体健康。所以必须强化食品卫生意识，建立食品卫生制度，提高食品卫生质量，改善人们的饮食卫生水平。❷

　　作为食品卫生安全保障的基础性条件，食品卫生标准不可或缺。食品卫生标准主要是指从事食品生产、加工、存储、运输及销售过程中必须遵守的行为准则，它是

　　❶ 李援.《中华人民共和国食品安全法》的解读与适用[M]. 北京：人民出版社，2009：2-3.

　　❷ 邵继勇. 食品安全与国际贸易[M]. 北京：化学工业出版社，2006：15.

食品产业持续健康发展的根本保证。在法制化的市场经济体系中，食品卫生标准与法规具有十分重要的地位，它是规范食品生产、加工、存储、运输、销售等环节的最低规范要求，❶是国家规制机构对食品质量与安全进行管理和监督，维护消费者合法权益，以及维护社会和谐与可持续发展的基础性规范。

随着人们对食品安全概念的认识发生变化，国际社会也已经基本形成共识，即农牧渔产品的种植、养殖及食品的生产、加工、包装、存储、运输、销售、消费等活动符合国家强制性标准和要求，不存在可能损害或威胁人体健康的有毒、有害物质致使消费者病亡或危及其后代的隐

---

❶ 此处所谓的标准问题，主要是指国家公布的强制性食品卫生标准，不涉及非强制性标准，从目前的食品卫生标准来讲，国家标准是各行各业进行合规生产、经营、销售其产品的最根本要求，达不到国家标准的产品肯定是不合格产品，不能在市场上进行销售。

患。**❶**本书在对一些涉及食品安全的国际公约及其覆盖的食品安全问题进行深入研究之后，为了统一表述的方便，通常情况下采用食品安全标准作为食品卫生标准的上位概念，用食品安全标准泛指更广泛意义上的食品卫生标准。

第四节　不安全食品的根源及诱因

从世界范围来看，食品安全问题主要来自两方面：一类是假货，包括掺假、制假和售假等不法行为；另一类是正规厂家生产出来的真品牌不安全食品。

首先，就食品假货而言，我国当前造假已经非常严重，摄入大米里的石蜡、火腿里的敌敌畏、咸鸭蛋辣椒酱里的苏丹红、火锅里的福尔马林、银耳蜜饯里的硫磺、木耳里的硫酸铜、奶粉里的三聚氰胺、猪肉里的瘦肉精等。

其次，正规厂家的不安全食品。根据食品生产流程

---

❶ 另可参见饮食方面的权威词典 Gale Encyclopedia of Diets 对食品安全的解释：Food safety involves the safe handling of food from the time it is grown, packaged, distributed, and prepared to prevent foodborne illnesses. Food safety is the responsibility of those who handle and prepare food commercially for delivery to consumers and of consumers who prepare and eat food in their homes.

分类正规厂家的不安全食品形成原因主要有以下四类：生产原料有问题、生产过程有问题、产品存储运输过程有问题、产品超过有效期。具体而言：①生产原料有问题。或许是供应商产品不合格，或许是厂家为了降低成本而导致的生产原料有问题，或许其他原因，但无论什么情况，我们撇开道德层面的因素不说，只为了企业的长远发展也要严把质量关，三鹿毒奶粉事件就是个活生生的前车之鉴。②生产过程有问题。生产原料没问题，接下来就是生产过程中出现的问题，现代食品生产企业一定要配备企业内部生产管理的信息追溯系统，将每件产品、每个环节的责任明确到个人，一旦出现问题将有据可查，同时也有利于同批次产品的快速冻结和召回。③产品存储运输过程有问题。这个阶段一般情况是产品所处环境不合格，如潮湿、高温、阳光直射等，还有就是在此阶段被掉包等。同样采用信息追溯系统将会把责任明确到人，明确在谁负责的阶段出了问题。这样出问题的概率将会大大降低。④产品超过有效期。把过期的产品继续销售，食品安全的隐患，对企业长远发展不利。

食品对人类健康的直接威胁因素主要包括微生物有害因素（如各种细菌等微生物有害因素污染食品引发食

源性疾病）、化学性有害因素（如各种重金属有毒有害物质的超量使用所导致的化学品污染）以及由于新技术（如转基因技术、食品辐射、欧姆加热及改变包装气体环境等技术的应用）带来的食品安全问题。❶

之所以能有这么多不安全食品存在是因为有市场；之所以有市场是因为监管不到位，消费者无法识别真伪；之所以监管不到位、消费者无法识别是因为被仿冒者为其提供了可乘之机。试想如果被仿冒的产品具有有效的防伪手段，执法者或消费者很容易识别真伪，假货自然也就没市场了。正规厂家生产出来的不安全食品在我国一直层出不穷，很大一部分原因是因为一些大型食品生产企业受到了地方政府的保护，例如媒体曝光的河南双汇瘦肉精事件的处理，使得受害消费者寻求法律救济实质上受到重重阻碍；再就是我国缺乏诸如英、美、法国家那样的企业信用制度和严苛的刑事及民事责任制度。以美国为例，对大规模食品有毒物质致害侵权案件，实施严格的产品召回制度和巨额损害赔偿制度，人为制造不安全食品被查实后所付出的成本远远高出收

❶ 李津京. 食品安全贸易争端：典型案例评析与产业发展启示[M]. 北京：机械工业出版社，2004：68.

益，企业可能因之破产，故企业对待食品安全问题慎之又慎。再次，在我国尚不存在有效的第三方监管机制。在美国，为了克服市场失灵和政府监管失灵带来的严重后果，政府大力推行第三方监管体系，建立了许多包括产业、消费者、独立专家系统与行政官员组合的监管机构，法律赋予其信息披露的权力，其中各种食品行业协会和消费者是重要的执行者。各级卫生机构还雇佣食品检查员、微生物学家、流行病学家等，对食品进行持续监督。自我管制由此成为规范企业行为的重要方式，同行业的竞争对手则成为了彼此最自觉的监管者。这种监督机制的效率可圈可点，如 2009 年 3 月曝光的强生婴儿用品质量问题，就是由一个名为"安全化妆品运动"的非营利组织披露出来的。韩国食品安全监管的有效经验是：国家公共监管机构虽起着主导作用，但民间组织、中介机构对食品监督也起到了十分重要的作用。韩国有众多的协会协助政府从事食品安全工作，包括制定标准、开展产品认证工作、协助政府做好进出口货物的检查，等等。

我国在食品安全方面存在的诸多问题，暴露出我国在食品安全监管方面存在不少问题，比较突出的有以下几点：（1）食品安全监管模式滞后与食品监管现状不相适应；（2）食品安全标准化建设滞后与食品安全监管需要不相适应；（3）食品检测机构建设滞后与食品安全监管技术需求不相适应；❶等等。其中，抛开食品安全标准法规在现实中的执行情况不论，我国食品安全标准问题一直是我国食品贸易中的软肋，在国内诸多食品安全事故和争议当中，食品安全风险检测与预防、食品安全标准及时更新及科学化一直是我们食品安全问题面临的重大公关课题。

---

❶ 当然还存在很多其他问题，可参见：邵继勇. 食品安全与国际贸易[M]. 北京：化学工业出版社，2006：20-32.

第二章

食品安全标准涉及的
主要国际贸易协定

食品贸易是国际贸易的重要组成部分。❶为了维护国民的身体健康和安全，以及保护动植物安全和环境，世界各国尤其是主要发达国家往往要求进口食品必须符合一定的强制性标准和动植物卫生检疫措施。一般来讲，各国的技术标准和检疫措施主要在三个层次上实施，其一，现有的国际法规、标准和公约；其二，高于国际法规和标准的国内法规和标准；其三，在国际和国内法规及标准均处于空白地带时，各国可以采取的临时措施。这些技术标准与检疫措施给出口国带来了额外成本和开支，起到了限制甚至是禁止食品进出口的作用。为了保

---

　　❶ 2013 年 4 月 10 日,世界贸易组织在日内瓦总部公布了 2012 年各成员的贸易量统计数据及 2013 年全球贸易预测。世贸组织的报告显示，2012 年中国在全球的货物贸易额排名中位列第二，仅比美国少 150 亿美元。全球贸易处于低位增长，中国贸易地位继续提升。此前有报道指出：2004 年，我国食品进出口贸易总额达 403 亿美元。2006 年，全国食品进出口贸易总额为 407.89 亿美元（不包括小麦、玉米、大豆、水果等农产品）。2011 年，食品工业生产强劲增长，销售同步上升，效益有效提高，投资大幅增加，价格高位回调。2012 年 1-12 月，进出口总额 780.7 亿美元，同比增长 28.9%。参见李松：《我国食品进出口贸易量增前景好》，《中国食品报》2012 年 10 月 16 日。由此可见，我国在世界食品进出口领域的成就和份额将继续维持增长势头。

护本国贸易及国民的公共健康考虑，出口国往往对进口国所实施的各种技术标准和检疫措施提出异议，由此为贸易争端埋下诱因。

世界贸易组织（WTO）是目前世界上调整国家间贸易关系最为重要的国际组织，其在制定食品贸易规则并解决相关争端方面履行着重要的职能。为解决这一问题，1994 年 4 月 15 日，世界贸易组织成立时便将环境问题纳入贸易体制，使生态环境和人类健康问题成为世界贸易组织的主要议题，并最终形成了乌拉圭回合谈判的两份最为重要的成果《实施动植物卫生检疫措施的协定》（*Agreement on the Application of Sanitary and Phytosanitary Measures*，即"SPS 协定"）❶以及《技术贸易壁垒协定》（Agreement on Technical Barriers to Trade，简称"TBT 协定"）。这些协定是在世界贸易组织的总体框架下制定

---

❶ 对于该协议的中译本存在几个译法，诸如《实施卫生和植物卫生措施协定》《卫生和植物检疫措施实施协议》《食品安全检验与动植物防疫检疫措施协议》（中国台湾地区的版本），《实施卫生与植物卫生检疫措施协定》等，但是从协定内容及其英文内涵来讲，这些译法差别不大，本文采取了最为通俗易懂的译法，即《实施动植物卫生检疫措施的协定》。

的，体现了世界贸易组织促进贸易自由化的宗旨，尽管还存在一些灰色区域，不能完全消除故意运用技术标准和动植物检疫措施作为贸易保护的手段，但这两个重要协议的订立，使得世界贸易组织的动植物检疫措施和技术标准被纳入到强制性的多边贸易体制之下，为合理解决食品安全与贸易关系之间可能存在的冲突和对立奠定了基础。

第一节 《实施动植物卫生检疫措施的协定》（SPS协定）

《实施动植物卫生检疫措施的协定》（SPS 协定）是世界贸易组织（WTO）乌拉圭回合多边贸易谈判结果中的一个协议，其目的是支持各成员实施保护人类、动物、植物的生命或健康所采取的必须措施，以规范动植物卫生检疫的国际统一规则。

（1）《实施动植物卫生检疫措施的协定》（SPS 协定）的基本框架

《实施动植物卫生检疫措施的协定》（SPS 协定）一共有 14 条 42 款及 3 个附件，其内容丰富，涉及面广。其

14 条内容包括：总则、基本权利和义务、协调性、等同性、危险评估以及合理的卫生领域植物检疫保护程度的测定、顺应当地情况、透明度、控制和检验及认可程序、技术援助、特殊和区别处理、磋商与争端解决、管理、执行、最后条款。3 个附件分别是：定义、透明度条例的颁布、控制和检验及认可程序。

（2）《实施动植物卫生检疫措施的协定》（SPS 协定）涉及食品安全标准方面的主要内容涉及以下问题：

第一，科学依据问题，其主要含义是指各成员应确保任何动植物卫生检疫措施的实施都必须以科学原理为依据❶；没有充分科学依据的动植物卫生检疫措施则不再实施；在科学依据不充分的情况下，可临时采取某种 SPS 措施，但应在合理的期限内作出评价；科学依据包括：有害生物的非疫区；有害生物的风险分析（Pest Risk Analysis，PRA）；检验、抽样和测试方法；有关工序和生产方法；有关生态和环境条件；有害生物传人、定居或传播条件。其次，其与贸易之间的关系，以前不少国家常

---

❶ 参见《实施动植物卫生检疫措施的协定》（SPS 协定）第 2 条。

以行政手段制订一些动植物卫生检疫限制或禁止措施，对采取的科学依据问题考虑得不够多，但现在情况不一样了。如某个贸易国执行的 SPS 措施被认为是没有科学依据就不能执行了，否则，存在矛盾的各方可能就要将其纠纷诉至瑞士日内瓦世界贸易组织纠纷解决机构（DSB）了。

今天，随着科学技术日新月异，尤其是生化科技的发展，人类研究科学、发展科学的意识很强。《实施动植物卫生检疫措施的协定》（SPS 协定）紧紧地抓住这一点作为该协议的基本权利和义务，其目的是把 WTO/SPS 协定这个紧密联系贸易的规则建立在科学基础上。

第二，国际标准，其主要含义是指涉及食品及生物安全的三大国际标准组织制定的国际标准、准则和建议；这三个国际组织分别是：国际食品法典委员会（Codex Alimentarius Commission，CAC），该组织主要就食品安全（食品添加剂、兽药和杀虫剂残留、污染物等）等制定国际标准；❶世界动物卫生组织 （Office International des

---

❶ 国际食品法典委员会（CAC）是由联合国粮农组织（FAO）和世界卫生组织（WHO）共同建立，以保障消费者的健康和确保食品贸易公平为宗旨的一个制定国际食品标准的政府间

Épizooties，OIE），该组织主要就动物健康问题制定相关
国际标准；❶《国际植物保护公约》（*International Plant*

组织。自 1961 年第 11 届粮农组织大会和 1963 年第 16 届世界卫
生大会分别通过了创建 CAC 的决议以来，已有 173 个成员国和 1
个成员国组织（欧盟）加入该组织，覆盖全球 99%的人口。CAC
下设秘书处、执行委员会、6 个地区协调委员会，21 个专业委员会
（包括 10 个综合主题委员会、11 个商品委员会）和 1 个政府间特
别工作组。

　　国际食品法典委员会设立的目的之一是促进国际食品贸易国
际食品法典委员会是一个由联合国粮农组织（FAO） 和世界卫生
组织（WHO） 共同设立的政府间国际食品标准机构。从上世纪
五六十年代国际食品法典起源时期的资料可以看出，由于各国对
食品安全重视的增加，相应的管理控制手段也逐渐增多，但由于
各国管理措施的不同，造成了对国际贸易的阻碍，这是催生国际
食品法典的重要原因。

　　❶ 世界动物卫生组织（法语缩写为 OIE）， 又称为国际兽疫
局（International Office of Epizootics，IOE），该机构是一个政府间
组织，其是在 1920 年比利时牛瘟兽疫之后创建的。该病发端于印
度，对其传播的担心导致了 1921 年 3 月巴黎召开的国际会议。28
个国家在 1924 年 1 月 25 日签署一项协议。截至 2011 年 1 月，其
成员国及地区已达到 178 个。OIE 在由各成员国政府委派的常驻
代表组成的国际委员会的授权和管理下开展工作。世界动物卫生
组织的职能由 OIE 中央办公署具体实施，中央办公署的署长由国
际委员会任命。中央办公署执行由选举产生的委员会草拟的决

Protection Convention, IPPC), 该《公约》主要是致力于植物健康国际标准的制定。❶其中强调各成员的动植物卫

议。这些委员会包括：管理委员会、区域性委员会、专家委员会。

OIE 的职能主要包括以下五方面：向各国政府通告全世界范围内发生的动物疫情以及疫情的起因，并通告控制这些疾病的方法；在全球范围内，就动物疾病的监测和控制进行国际研究；协调各成员国在动物和动物产品贸易方面的法规和标准；帮助成员国完善兽医工作制度，提升工作能力；促进动物福利，提供食品安全技术支撑。

OIE 发布的国际标准有：《动物卫生法典》（*Animal Health Code*）涉及哺乳动物、鸟类及蜜蜂的国际动物卫生法典；《诊断与预防接种》（*Diagnostics & Vaccines*）主要涉及诊断检验及预防接种标准手册；《水生动物法典》（*Aquatic Code*）主要指涉及国际水生动物的法典；《水生动物手册》（*Aquatic Manual*）主要指涉及水生动物疾病诊断的手册；试剂（*Reagents*）主要指国际参考标准试剂；国际动物卫生组织动物疾病名单：A 类动物疾病（List A）、B 类动物疾病（List B）等。

❶ 国际植物保护公约（*International Plant Protection Convention*, 简称 IPPC）是 1951 年联合国粮食和农业组织（FAO）通过的一个有关植物保护的多边国际协议，1952 年生效。1979 年和 1997 年，FAO 分别对 IPPC 进行了 2 次修改，1997 年新修订的《国际植物保护公约》尚未生效。《国际植物保护公约》由设在粮农组织植物保护处的 IPPC 秘书处负责执行和管理，中国于 2009 年 7 月 1 日起将严格执行 IPPC 制定的国际植物检疫措施标准。

生检疫措施应以国际标准、准则和建议为依据。❶而贸易国进出口符合国际标准、准则和建议的SPS措施视为是保护人类、动物和植物的生命和健康所必需的。同时指出各贸易国可以实施和维持比现有国际标准、准则和建议高的标准，但需要有科学依据。❷如果遇到实施没有国际标准、准则和建议的SPS措施的情形，或实施的SPS措施与

《国际植物保护公约》的目的是确保全球农业安全，并采取有效措施防止有害生物随植物和植物产品传播和扩散，促进有害生物控制措施。《国际植物保护公约》为区域和国家植物保护组织提供了一个国际合作、协调一致和技术交流的框架和论坛。由于认识到 IPPC 在植物卫生方面所起的重要作用，WTO/SPS 协议规定 IPPC组织为影响贸易的植物卫生国际标准（植物检疫措施国际标准，ISPMs）的制定机构，并在植物卫生领域起着重要的协调一致的作用。

区域植物保护组织（The Regional Plant Protection Organizations，RPPOs）在区域范围内负责协调有关 IPPC 的活动，在新修订的 IPPC 中，区域性植物保护组织的作用扩展到与 IPPC 秘书处一起协调工作。

❶ 参见《实施动植物卫生检疫措施的协定》（SPS 协定）第 3 条。

❷ 参见《实施动植物卫生检疫措施的协定》（SPS 协定）第 5 条。

国际标准、准则和建议的内容的实质上不一致时，如限制或潜在地限制了出口国的产品进口，进口国则要向出口国作出理由解释，并及早发出通知。

国际标准与贸易关系方面，一般认为有了 SPS 国际标准，国际贸易的基础就会更牢，相关进出口贸易的速度会更快。

第三，同等对待问题，其主要含义是指，如果出口成员国对出口产品所采取的 SPS 措施，客观上达到了进口成员国适当的动植物卫生检疫保护水平，进口成员国就应当接受这种 SPS 措施，即使这种措施不同于自己所采取的措施，或不同于从事同一产品贸易的其他成员所采用的措施。可根据等同性的原则进行成员间的磋商并达成双边和多边协议。

从贸易关系角度来看，由于气候的不同，原产地的不同以及有害生物和食品状况的不同，进口成员总是采取同一种卫生检疫措施显然是不适宜的。

第四，风险分析问题，其主要含义指有害生物的风险分析（PRA）❶是进口成员国的科学专家对进口产品可

---

❶ 有害生物风险分析（PRA）是在 20 世纪 80 年代末期应用到植物检疫领域里的一个新术语，但其思想却是由来已久的。从

能带来有害生物的繁殖、传播、危害和经济影响作出的科学理论报告。该报告将是一个成员决定是否进口该产品理论依据，或叫决策依据。PRA 分析强调适当的动植物

检疫产生的时候起，人们就面临着对外来的有害生物给本国或本地区造成的威胁进行评估。最初，人们注意到不同的气候和地理条件下，生物的分布和种群数量有所不同，便开始了生物适生性的研究，用来预测生物的适宜生长区。随着有害生物适生性分析的逐步深入，人们越来越认识到仅有适生性分析还远远满足不了植物检疫决策的需要，人们又开始考虑有害生物的为害情况、受害作物的经济价值和社会价值、防治成本、根除的可能性等等。随着科学技术的发展和学科之间的相互渗透，人们开始把工程中的"风险"概念引入到植物检疫中来，即将某一植物或植物产品或有害生物从一地运到另一地，就会带来一定风险、但这种风险的大小随具体情况的不同而不同，因此有必要对这种风险进行评估，以便决定采取什么样的植物检疫措施。这样就逐步形成了有害生物风险分析的概念。可以说从植物检疫诞生的那天起，在制定植物检疫措施时，人们就一直在进行着有害生物风险分析。但是，近 30 年来，由于在实际运用中存在着对 PRA 理解上的差异以及 PRA 在贸易上的重要性，人们才开始对 PRA 进行了明确的定义，借鉴风险分析在核工业以及环境保护领域中的应用情况，把风险的概念从相关领域真正引入到植物检疫领域。目前各国植物检疫机构普遍采用的 PRA，就是按照联合国粮农组织（FAO）的国际标准和准则概念上的有害生物风险分析。

卫生检疫保护水平，并应考虑对贸易不利影响减少到最低程度这一目标。PRA 分析要考虑有关国际组织制定的风险评估技术。PRA 分析要考虑有害生物的传人途径、定居、传播、控制和根除的经济成本等。

至于风险分析对贸易影响方面，如果 PRA 分析报告的结论是肯定时，那么，该产品的进出口就有可能成为现实，否则，进口成员的限制或禁止措施将继续维持，也就没有贸易。

第五，非疫区概念问题，其主要含义是指检疫性有害生物在一个地区没有发生就是非疫区。例如，地中海实蝇或非洲猪瘟在北京地区没有发生，那么北京地区就是非疫区。SPS 协定将非疫区定义为：经主管单位认定，某种有害生物没有发生的地区，这可以是一个国家的全部或部分，或几个国家的全部或部分。在确定一个非疫区大小时，要考虑地理、生态系统、流行病监测以及 SPS 措施的效果等。同时要求各成员国应承认非疫区的概念。出口成员声明其境内某些地区是非疫区时，应提供必要的证据等。

至于非疫区与贸易的关系方面，一个国家非疫区里生产的产品不会受出口检疫的限制；同样道理，一个国家疫区里生产的产品将不能出口。

第六，透明度问题，其主要含义是指各成员应确保所有动植物卫生检疫法规及时公布。除紧急情况外，各成员应允许在动植物卫生检疫法规公布和生效之间有合理的时间间隔，以便让出口成员，尤其是发展中国家成员的生产商有足够的时间调整其产品和生产方法，以适应进口成员的要求。至于如何实施透明度原则，则由 SPS 咨询点、通知机构负责对感兴趣的成员国提出的所有合理问题提供答复，并可以要求成员国提供有关文件。

通过该原则与贸易的关系来考察，如果出口国不了解进口国的 SPS 规定，就不知道该出口什么，不该出口什么。所以事先及时了解进口国的 SPS 规定，就会减少或避免出口的盲目性，不至于发生退货甚至销毁的情况。

第七，SPS 措施委员会，其主要含义是指为磋商提供一个经常性的场所。SPS 措施委员会的职能是执行本协议的各项规定，推动协调一致的目标实现；鼓励各成员就特定的 SPS 措施问题进行不定期的磋商或谈判；鼓励所有成员采取国际标准、准则和建议的采用；应与国际营养标准委员会（CAC）、世界动物卫生组织（OIE）和国际植物保护公约组织（IPPC）保持密切联系。拟订一份对贸易有重大影响的动植物卫生检疫措施方面的国际标准、准则和建议清单。

至于该委员会与贸易的关系，SPS 措施委员会可及时协调或解决各成员间的 SPS 问题，并直接影响各成员 SPS 措施的修订，把可能发展成为法律纠纷的 SPS 争端问题解决在萌芽阶段。

（3）SPS 措施中涉及食品安全问题的主要内容

SPS 措施主要是针对食品安全和动植物健康所采取的，直接或间接影响国际贸易的卫生与植物卫生措施，包括：①保护成员领土内的动物或植物生命健康免于受到病虫害和致病生物传入、定居或传播风险的措施；②保护成员领土内的人类或动物生命健康免于受到食品、饮料或饲料中的添加剂、污染物、毒素或致病生物风险的措施；③保护成员领土内的人类生命健康免于受到由动植物或动植物产品携带的病虫害传入、定居或传播风险的措施；④防止或限制成员领土内因虫害传入、定居或传播所产生的其他损害的措施。从产品范围看，SPS 措施主要与农产品和食品有关。

（4）SPS 贸易壁垒的判定标准和作用机制

① SPS 贸易壁垒判定标准。

首先，SPS 措施是否可以构成贸易壁垒。

有关 SPS 措施是否可以构成贸易壁垒这个问题，国内外有不少研究文献。不少学者赞成将 SPS 贸易壁垒归入非关税贸易壁垒之中。认为 SPS 措施可以造成非关税贸易壁垒的原因是：实施国可以利用 SPS 措施增加进口产品的成本、削弱进口产品的竞争优势，甚至将进口产品完全排除在本国市场之外，从而给予国内生产者有利的竞争地位，甚至导致其垄断市场。尽管它不是关税措施，却可以在一定条件下产生与关税一样的效用。

还有学者从发达国家与发展中国家的现状出发进行分析，认为发展中国家与发达国家之间的经济和技术水平差异导致发达国家成为相关贸易谈判的主导方和获利者。一方面，发达国家是国际标准制定进程的主要推动者，在标准制定过程中力求反映本国需求，导致某些国际标准对发展中国家过于苛严；另一方面，发达国家利用 SPS 协定中的国际标准例外条款和暂时措施条款，实施过高标准，增加发展中国家的成本，或者将发展中国家的产品挡在门外。

其次，SPS 贸易壁垒判定标准。

对于 SPS 贸易壁垒的评判标准，学术界有着不同意见。一般认为，判断 SPS 措施是否构成贸易壁垒的标准包括：是否为保护人类或者动植物生命和健康所必需，是否建立在科学依据上并有科学的风险评估过程，是否对国内外企业平等适用，是否有贸易扭曲作用较小的可选替代措施，是否遵守透明度原则和对等原则，是否符合国际标准，是否给发展中国家足够执行准备时间等。

②SPS 贸易壁垒作用机制。

SPS 措施对农产品贸易的影响主要通过控制进口产品数量和削弱进口产品价格竞争力两种方式体现。控制进口产品数量指进口国规定只有符合本国相关 SPS 措施要求和标准的农产品和食品才能进入本国市场；这时，SPS 措施标准的高低和实施的严格程度就会产生控制进口数量的作用。削弱进口产品价格竞争力则是指进口国以保护本国国民和动植物安全与健康为由，对进入本国的他国农产品和食品的质量、生产加工过程、运输环节、包装标签、检验证书等提出一系列 SPS 措施要求；出口国的生产商为达到这些要求不得不在生产、包装和运输等环节增加投入，从而导致出口成本增加，这样就削弱了来自他国的产品在进口国的价格竞争优势。

此外，SPS 措施还可以通过其他一些途径影响农产品贸易，包括利用冗长繁复的检验检疫程序影响进口产品的新鲜程度，削弱其在进口国的质量竞争力；通过 SPS 措施的制定和宣传引导消费者的选择偏好，为本国产品制造竞争优势等。

第二节　WTO/TBT协定

WTO/TBT 协定是世界贸易组织管辖的一项多边贸易协议，是在关贸总协定东京回合同名协议的基础上修改和补充的。1980 年生效的《关于贸易中技术壁垒协定》（英文缩写 GATT／TBT 协定），现称为 WTO／TBT，也称为"标准守则"。该协定主要涉及了各国标准化工作的基本准则。它由前言、15 个核心条文及 3 个附件组成。主要条款有：总则、技术法规和标准、符合技术法规和标准、信息和援助、机构、磋商和争端解决、最后条款。协议适用于所有产品，包括工业品和农产品，但由于涉及卫生与植物卫生措施，由 SPS 协定进行规范，政府采购实体制定的采购规则不受本协议的约束。

签订 TBT 协定的目的是在技术壁垒方面为各成员的贸易行为和必须履行的义务进行规范，以减少和消除贸易中的技术壁垒，实现国际贸易的自由化和便利化。国与国之间在对本国市场流通的商品进行技术管制时，其实行的法规、技术标准和为证明商品是否符合法规及标准的要求而建立的一套合格评定程序（包括检验制度，认证认可制度，监管制度等），由于存在一定的差异形成或造成重复检验、重复认证、认可、重复收费，并阻碍了商品的顺畅流通，这就是影响贸易的技术壁垒。TBT 协定的宗旨是认识到国际标准和合格评定程序能为提高生产效率和推动国际贸易做出重大贡献，为此，鼓励制定此类标准和合格评定程序。但是希望这些技术法规、标准和合格评定程序，包括包装、标志、标签等不会给国际贸易制造不必要的障碍；认识到不应妨碍任何国家采取必要手段和措施保护其基本安全利益，保护其出口产品质量，保护人类、动物或植物的生命或健康，保护环境或防止欺骗行为，但不能用这些措施作为对情况相同的国家进行歧视或变相限制国际贸易的手段；认识到国际标准化有利于发达国家向发展中国家转让技术及帮助其制定、采用技术法规、标准、合格评定程序方面克服困难。该协定的宗旨就是为消除影响贸易的技术壁垒而制定的一套各国应遵守的基本要求。

WTO/TBT 协定的主要内容介绍如下：

首先，关于技术法规的制定、通过与实施问题。

WTO/TBT 协定在第 2 条中详细规定了一成员方中央政府对技术法规的制定、采纳和实施所应遵守的规则。

①各成员方应按国民待遇原则和非歧视性原则，保证在技术法规方面给予从任一成员方领土进口的产品的优惠待遇不得低于本国类似产品和其他国家类似产品的优惠待遇。②各缔约方在制定和实施技术法规时，如对贸易造成的限制是因为出于：国家安全需要、防止欺诈行为、保护人类健康或安全、保护动植物生命健康、保护环境的需要，都属于合理的限制措施。③各成员方在制定技术法规时，已存在有关的国际标准或在国际标准即将完成的情况下，各成员方应使用这些国际标准或其有关部分，作为制定技术法规的基础，除非这些国际标准或有关部分对实现有关目标显得无效或不适当。④在一切适当的情况下，各成员方应按产品的性能要求，而不是按设计特性或说明性质来阐明技术法规。⑤各成员方应确保立即公布已通过的技术法规，并使有关的缔约方获得并熟悉这些法规。除紧急情况外，各缔约方应该在技术法规公布与生效之间留有一段合理的时间，以便其他

国家的出口生产者，特别是发展中国家的生产者有足够的时间或生产方法来适应进口方的要求。

此外，对于地方政府制定的技术法规，应比照上述方法，相应地通知、公布。

其次，关于与技术条例和标准规定的一致性问题。

缔约各方中央政府的标准化机构对其他缔约方境内生产的产品进行合格评定过程中（如抽样、测试和检验，评价、证实和合格保证，注册、认可和核准等），应遵守如下规则：

①评定程序应遵循国民待遇原则和最惠国待遇原则，并不对国际贸易造成不必要的阻碍。

②各缔约方应保证及时公布每一项合格评定程序的标准处理期限，或经请求，应该将预计的处理期限告知对方。

③各种资料的提供应限于合格评定所必须的范围，并应对具有商业秘密的材料提供与国内厂商相同待遇的保密措施。

④各缔约方应保证在合格评定过程中，尽量依据国际标准化组织的法律、规章。如果不存在国际统一标准法规，依据自己制定的技术标准来评定，并公布这样的合

格评定程序和依据的标准，以使其他缔约方熟悉。除了紧急的情况之外，各缔约方应在公布合格评定程序与正式生效之间留一段合理的期限，以使其他缔约方，特别是发展中国家缔约方的生产者有足够的时间修改其产品或生产方法，以适应进口方的要求。

⑤在相互磋商的前提下，各缔约方应确保认可其他缔约方有关合格评审机构的评定结果，并接受出口方指定机构作出的合格评定结果。

再次，关于技术信息通报与技术援助问题。

对于有关技术法规、标准和合格评定程序的信息情报的处理，各缔约方应履行下列规则：ⓐ每一成员方应根据自己的情况，设立一个或一个以上的咨询点，负责回答其他有关成员或有关当事人提出的问题，并提供下列文件：中央或地方政府或有权实施技术法规的非政府机构所采用的技术法规、技术标准文件以及技术合格评定程序文件，而且还应把自己参与有关国际标准化机构的活动以及签署的双边或多边的有关技术标准、技术法规以及认定程序的协定或相关信息，及时加以通报。ⓑ各成员方在接到请求时，应就技术法规的制定，向有关缔约方，尤其是发展中的缔约方提出建议。ⓒ各缔约方在接到请求时，应向其他缔约方，尤其是发展中的缔约方，就如下方面提供技术援助：设立国家标准化机构和参加国际标准化机构，建立制定规章的机构或评定符合技术法规的合格评定机构，采用适应某项技术的最佳方法，生产者参与并接受合格评定体系的步骤，为履行国际标准化机构义务而建立组织机构和法律制度等。

又次，关于对发展中国家成员的特殊和差别待遇问题。

考虑到发展中国家成员的技术水平和发展程度，它们在履行 WTO/TBT 协议时，可以享受下列特殊和差别待遇：ⓐ各成员方在制定和实施技术法规、技术标准时，应适当考虑相关发展中成员方的出口贸易的发展需要，即不应在技术法规和标准方面以过高要求来限制发展中成员方的有关产品出口。ⓑ发展中成员方可根据其社会经济发展的特定情况制定和实施一些有别于国际标准的技术法规、标准和评定程序。ⓒ各成员方应采取合理措施，在发展中成员方提出要求时，确保国际标准化机构在审议对发展中成员方有特殊利益的产品时制定国际标准的可能性，并在可能时制定这些标准。ⓓ贸易技术壁垒委员会在收到发展中成员方的请求时，可在一定的时间内，免除该发展中成员方承担 TBT 协议的部分或全部义务。对最不发达的成员方尤其要给以特殊考虑。

此外，WTO/TBT 协定还对监督机构的设置、争端解决等问题作了规定。

最后，关于 WTO/TBT 协定的基本原则。

从消除贸易中技术壁垒的角度出发，WTO／TBT 协定规定了以下基本原则：有限干预原则。政府对市场流通的商品从技术角度进行管制时采取有限干预，即在涉及人、动植物安全、健康、环境保护、防止欺诈行为、国家安全以及为保证出口产品质量时，政府才应干预。细言之，这些原则包含以下内容：ⓐ标准协调原则。采用国际标准和国际准则的原则。凡有国际标准和国际准则时，各缔约方在制定技术法规、标准和合格评定程序时，必须遵守或履行这些国际标准和国际准则。除非由于本国的地理、气候因素或技术基础原因，才允许与国际标准、准则有差异。ⓑ正当目标原则。ⓒ避免不必要的贸易壁垒原则。也即整齐划一原则。即中央政府、地方政府以及非政府组织在技术法规、标准、合格评定程序制定、批准、实施方面均应遵守 TBT 协定的原则而不能各行其是，不受任何约束。ⓓ等效和相互承认原则。ⓔ非歧视原则。这个原则包括两项基本待遇，即最惠国待遇和国民待遇。具体地说，一是本国的技术法规，标准和合格评定程序的要求对所有缔约方没有高低、亲疏、严宽之分，二是对本国企业商品和外国企业及进入本国市场的商品要求、待遇均应是平等一致的。⑤对发展中成员国的特殊和差别待遇原则。 一般例外原则。即给发展中国家优惠，给最不发达国家以帮助的原则。某些政策可向发展中国家放宽，允许有一定缓冲期逐步达到要求，同时发达国家要向最不发达国家在建立技术法规、标准和合格评定方面提供援助。 ⑧透明度原则。即所有的法规、标准和合格评定程序都应公开、透明，让所有需要知道的企业和有关人士都能了解，不能暗箱作业。为此，各缔约方均应按 TBT 的要求建立通报和咨询程序，并建立 TBT 咨询点。⑪争端磋商机制原则。一旦缔约国违反了 TBT 协定，有意无意地制造技术壁垒时，其他受损方可向 WTO 投诉，一旦投诉有效，就启动争端磋商机制，当磋商失效时，WTO 则可决定使用贸易制裁手段。

第三节 WTO/SPS协定与 WTO/TBT协定的区别

为维护本国人类和动植物健康、国家安全、经济秩序等，各国实施了大量技术性措施，主要包括 TBT 措施与 SPS 措施。为了平衡这些措施的必要性及其对国际贸易带来的阻碍作用，WTO 框架下产生了两个重要的多边协定：TBT 协定与 SPS 协定。

WTO/SPS 协定与 WTO/TBT 协定是两个比较容易混淆的概念，有必要对这两个重要的协定进行区分。①遵循的 WTO 协议不同。SPS 措施受 WTO/SPS 协定的规范，而 TBT 措施受 TBT 协定的规范。②涵盖的产品范围不同。SPS 措施涉及的领域主要是农产品和食品，而 TBT 措施涵盖的领域要广泛得多，涉及工业品和农业品等。③定义的着重点不同。SPS 措施主要根据实施的目的来界定，指出其是为保证食品安全和动植物健康而采取的管制措施；而 TBT 措施主要从技术的角度来界定，指出其是与技术有关的贸易措施。④确定的原则不同。根据 WTO/SPS 协定，在制定 SPS 措施，尤其是与国际标准不一致的 SPS 措施时，要严格遵守科学依据原则；而对为维护国家安全、防止欺诈等原因所制定的 TBT 措施,科学就不是唯一依据了。⑤非歧视原则的落实不同。WTO/TBT 协定要求在最惠国和国民待遇基础上实施 TBT 措施;而 WTO/SPS 协定规定,只要不在情形相同或者类似的成员之间构成武断或者不合理的歧视,成员就被允许采取存在差异性的 SPS 措施。⑥暂时措施不同。WTO/SPS 协定规定在病虫害有立即蔓延的危险而缺乏足够的科学证据时,成员可以暂时采取限制进口的措施作为预防;而 TBT 协议没有规定这样的暂时措施条款。⑦两者遵循不同的国际标准。TBT 协定常用的国际标准是指国际标化准组织(International Organization for Standardization,ISO)和国际电工委员会(International Electrotechnical Commission,IEC)制定的标准;SPS 协议所指国际标准指前述 CAC、IPPC 和 OIE 等国际组织制定的标准等。

在明确区分这两种措施区别的基础上,一些学者倾向于将 SPS 措施认定为被"特定化"的 TBT 措施,所以当 SPS 协定可以适用时,则不再适用 TBT 协定。**❶**

---

❶ 肖冰.《SPS 协议》的规范价值与法律实效研究[J]. 中外法学,2002(2).

第四节　食品安全国际标准及其规制

众所周知，随着远距离交通及储藏技术的巨大进步，通信水平的不断提高，使得各国在全球范围内采购食品成为可能，随着人们对非本地食品和非季节性食品的需求的增加，跨国食品安全问题又重新浮出水面。结果是富裕国家现在从其无法控制食品生产和检验程序的国家购买大量的食品（GSFS，2011）。这就要求在食品安全方面具备统一的国际标准，而一些国际组织，主要是WHO、FAO、CAC、ISO 等涉及国际标准制定的国际机构就被赋予了制定这些标准的任务。

具体来说，这其中以 CAC 所制定的食品安全标准最被广泛接受，凡 WTO 成员国、TPP 成员国❶以及正在构思中的亚洲自由贸易区（Asian Free Trade Area）等以后都

---

❶ TPP 的全称为 The Trans-Pacific Partnership，即跨太平洋战略经济伙伴关系协议，其完整的英文表述是：Trans-Pacific Strategic Economic Partnership Agreement，亦译为泛太平洋战略经济伙伴关系协定，该协议是由亚太经济合作会议成员国发起，从 2002 年开始酝酿的一组多边关系的自由贸易协定，旨在促进亚太区的贸易自由化。TPP 在环境标准、劳工权利等诸多涉及服务贸易的标准和要求方面较 WTO 要求高得多。

将以该标准为其食品安全参考标准。

有一些发展中国家的人士认为，目前世界上的大多数技术标准的制定可能存在一些所谓的发达国家垄断嫌疑，但是，笔者对这些观点不以为然。在食品安全领域，不管是发达国家或者发展中国家，都要以已有的食品安全国际标准为最低标准，只有这样才能在既有的科技水准和安全理念上保护好本国民众的健康权。的确，目前世界上的大多数食品安全标准是由一些发达国家所制定，但是，这些标准的制定是在大量的食品安全风险实验和检测之后，累积了大量真实的实验数据之后才得出的，应该算做是人类对科学知识更进一步掌握积累。他们的努力成果应该得到认可而不是抵制。其次，就这些安全标准来说，虽然仅仅是在国际层面为各国的食品安全标准制定提供了参考，但是毕竟不是国际强行法，各国可以根据本国国情加以适用。其强行性仅仅体现在国际食品贸易领域，如果进口国设定 CAC 国际标准或者本国的更高标准为食品安全标准，出口商达不到这种协定标准，则这个食品贸易必然遭遇抵制。所以，此时 CAC 有关食品安全的国际标准从消极层面来讲会被视为是技术壁垒，但是从积极方面来讲，对于保护食品进口国国民的食品安全抑或健康权来说意义重大。从更积极意义上来讲，遵守国际标准或制定更高要求的标准是一个国家技术实力的表现。各国不仅应该积极遵守国际标准，而且应该切实履行国际标准，在国际国内贸易中遵守同样标准，而不仅仅是为了食品出口贸易才遵守国际高标准。那些内外有别的区别对待理念在我国表现尤为突出，人们可以通过出口到港澳食品的高合格率或称100%合格率的各种报道可知，这种观念在国内很有市场，再加上一些地方搞食品特供，更加人为为食品安全问题的系统解决设置了障碍。要解决食品安全问题，就必须内外同等对待，否则不仅影响到我国食品行业的形象，也会滋生大量不安全事故及社会问题，从而对经济和社会发展造成无形的障碍，进而影响到社会稳定。

所谓食品安全标准的国际贸易法规制，因为食品安全涉及消费者的健康权问题，作为负责任的国际社会成员，除了有义务保护其本国国民的身体健康权外，还有义务遵守相关国际公约和惯例，以及贸易伙伴之间的食品安全标准协议。因为生命和健康是无价的，保障民众健康权是公共机构的义务，对于 WTO、TPP 及未来的亚洲自由贸易区中有关食品安全标准的技术性条款，应该得到一致遵守，并且对于一些内外有别的做法应该进行国际人权法途径的批评和谴责。

第三章

SPS措施：障碍作用
及其对我国的影响

第一节　SPS措施对贸易产生的障碍及对WTO/SPS协定成就的评价

SPS 贸易壁垒的产生原因是多方面的，既包括 SPS 协议本身的局限性和妥协性带来的内部原因，也包括世界经济和技术发展现状带来的外部原因。

具体来说，SPS 贸易壁垒产生的内部原因包括：协议过于原则化而缺乏可量化的规则；构成主要原则的一些关键词语缺乏统一解释；"临时性措施"和"保护水平可以高于国际标准"等例外规定严重削弱了 SPS 措施防御贸易保护主义的效果。

而 SPS 贸易壁垒产生的外部客观原因则有：WTO 谈判推进关税削减进程，一些国家转而利用形式上"合法"的 SPS 措施对进口进行控制；SPS 措施涉及范围广，有些领域国际标准缺位；SPS 措施技术性强且不断发展变化；SPS 措施透明度差；发展中国家与发达国家技术水平差异大；各国 SPS 体系差异明显；利用 WTO 多边框架下的争端解决机制解决 SPS 措施争端历时比较长等。

作为多边框架下规范动植物卫生措施的主要国际协议，SPS 协定的出台与完善具有重大意义。第一，该协定在 GATT 第 20 条基础上，在多边层面统一规范各国与贸易有关的检验检疫措施。第二，协议以法条形式将影响最小化、非歧视、等效性、科学依据、风险评估、国际标准等原则固定下来。第三，协议强化了国际食品法典委员会（CAC）标准等国际标准的适用范围与效力。第四，协议与 WTO 多边框架下的贸易争端解决机制共同作用，在一定程度上遏止了 SPS 措施的滥用。第五，协议推动成员国加强机构建设与研究力量投入。第六，协议推动国际统一的检验检疫标准和体系的发展，尤其是推动发展中国家积极参与有关标准的制定和推行。第七，协议注重向发展中国家提供更加优惠的待遇，关注发展中国家与发达国家之间的经济技术水平差异问题。

第二节　主要贸易伙伴国SPS措施发展对我国的影响

国际上 SPS 措施发展和标准升级的趋势带给我国的影响是比较复杂的，从长期来看，这种发展趋势对我国农业产业发展有利，但近期一些贸易伙伴国以 SPS 贸易壁垒遏制我国农产品出口的形势也十分严峻。

首先，积极的影响。从农业生产角度讲，WTO/SPS措施发展和标准升级促进我国不断完善适应国际农产品质量标准发展的法律法规体系和立法执法机制。这种法律与机制的完善对我国农业产业结构调整和农产品质量及国际竞争力的提高具有促进作用。此外，从满足国内市场需求讲，这种发展也有利于保证国内消费者健康和利益。

其次，消极影响。第一，一些进口国技术标准实施频率高、变化快、程序复杂、过程拖沓，增加了中国企业的出口风险，甚至直接阻碍市场准入。第二，进口国有关农产品质量标准的提高直接导致生产成本和流通成本增加，降低了我国农产品在国际市场的价格竞争力。第三，某些进口国的技术标准具有歧视性，致使中国产品在这些国家市场与其本国及第三国产品竞争时处于劣势。第四，更深层次来看，有些措施迫使我国优势农产品出口企业不断增加成本投入，这在一定程度上打乱了企业的发展步骤，影响我国农业结构战略性调整。

最后，特别需要指出的是，无论是 WTO/SPS 协定还是 WTO/TBT 协定都表达了国际标准为基础的基本原则，如 WTO/SPS 协定在其前言中规定期望进一步推动

WTO 各成员国适用协调的、以有关国际组织制定的国际标准、指南和建议为基础的卫生与植物卫生措施；WTO/TBT 协定前言规定，认识到国际标准和合格评定体系可以通过提高生产效率和便利国际贸易的进行而在这方面作出重要贡献；因此，期望鼓励制定此类国际标准和合格评定体系。为此，为了缩小与贸易伙伴国家在食品标准问题上的差距，我国食品出口企业除了遵守与贸易伙伴之间的质量安全标准协定，还应该在生产过程中广泛参考国际标准，因为目前来说，国际标准是世界贸易组织成果所广泛吸收采纳的标准，如果我国食品生产企业能够生产出高于国际标准的安全食品来，从而使其产品具有国际竞争力，则我国食品贸易将大幅度提升其在国际市场上的份额。

第四章

食品安全标准的国际贸易争端解决

第一节　食品安全标准所涉国际贸易争端成案研究之一：欧盟沙丁鱼标签案

一、基本案情

1989 年 6 月 21 日，欧共体（EEC）颁布第 2136/89 号理事会法规。该法规规定了在欧共体销售沙丁鱼罐头的销售标准。其中，法规的第 2 条规定：只有用 Pilchardus 沙丁鱼制成的罐头，才能冠以沙丁鱼罐头的商品名称进行销售。

由于秘鲁盛产 Sagax 沙丁鱼，而按照欧共体的规定只有 Pilchardus 沙丁鱼制成的鱼罐头可称为沙丁鱼罐头，这无疑对秘鲁 Sagax 沙丁鱼罐头出口欧盟造成直接影响。并且早在 1978 年，国际食品法典委员会（CAC）就已经颁布了关于沙丁鱼和沙丁鱼类产品罐头的标准 Codex Stan 94，该标准的规定既包括 Pilchardus 沙丁鱼又包括 Sagax 沙丁鱼，因此，秘鲁认为欧共体违反了 WTO/TBT 协定第 2 条第 4 款，没有以国际标准 Codex Stan 94 作为制定技术法规的基础。❶

---

❶ 本案涉及的产品是沙丁鱼，其实质是关于沙丁鱼类新产品描述、命名的争端。沙丁鱼有很多种类，其中一类主要生活在北大

2001 年 3 月 20 日，秘鲁就欧共体理事会（EEC）第 2136/89 号法规规定有关沙丁鱼罐头的普通上市标准，向欧盟提出磋商请求。2001 年 5 月 31 日，秘鲁与欧盟进行磋商，但没有达成双方满意的结果。2001 年 6 月 7 日，秘鲁向 WTO 争端解决机构（DSB）请求成立专家组。2001 年 7 月 24 日，专家组成立。秘鲁提出欧共体法规违反了 WTO/TBT 协定第 2 条第 4 款，因为该法规的制定未以国际标准 Codex Stan 94 规定的命名标准为基础。2002 年 5 月 22 日专家组公布其最终报告。专家组裁定：欧共体法规违反 WTO/TBT 协定第 2 条第 4 款，并且建议争端解决机构要求欧盟修改其措施，使其符合 WTO/TBT 协定所规定的义务。2002 年 6 月 25 日，欧盟就专家组报告提起上诉。2002 年 9 月 12 日，上诉机构作出上诉审查报告。上诉机构支持专家组关于欧共体法规违反 WTO/TBT 协定

西洋东部（西欧沿海和地中海地区），另一类主要生活在太平洋东部（秘鲁和智利沿海）。但欧共体有关罐装沙丁鱼销售的规章，只允许用北大西洋东部的沙丁鱼制作的罐装沙丁鱼以"沙丁鱼"的名称销售。本案申诉方秘鲁向欧共体出口在秘鲁沿海捕获的沙丁鱼制作的罐装沙丁鱼，名叫东太平洋或秘鲁沙丁鱼。据欧共体规章，这样命名的秘鲁沙丁鱼被禁止在欧共体内销售。

第 2 条第 4 款的裁定。上诉机构建议 DSB 要求欧盟按照上诉机构报告和专家组报告的裁定，修改欧共体法规违反 TBT 协定第 2 条第 4 款之处，使其符合 WTO/TBT 协定的规定。

针对上述措施，秘鲁向世界贸易组织争端解决机构提起申诉，认为欧共体的这一规章禁止"沙丁鱼"这一名称与生产国国名、捕获区域名称、沙丁鱼种类或销售国的产品惯常名称一起使用，违反了《技术性贸易壁垒协议》（WTO/TBT）第 2 条第 4 款。该款要求，如有必要制定、实施技术规章，而已经存在或即将拟就有关国际标准，各成员应使用这些国际标准或其中相关部分，作为其技术规章的依据，除非这些国际标准或其中相关部分，对成员相关规章追求的合法目标无效或不适当。秘鲁主张欧共体的这一规章没有按照该款的要求，以与沙丁鱼产品命名相关有国际标准为依据。

联合国粮农组织和世界卫生组织食品规则委员会于1978 年制定了有关罐装沙丁鱼和沙丁鱼类产品的标准，1995 年进行了修订（与本案直接相关的是 1995 年的修订，以下简称联合国标准）。该标准规定了沙丁鱼产品的名称，相关产品可以用两种方式命名："×沙丁鱼"这一名称专用于北大西洋东部的沙丁鱼，"沙丁鱼"表示某国沙丁鱼、某一地理区域沙丁鱼、某一种类沙丁鱼或符合销售法律和习惯的产品惯常名称沙丁鱼。依据联合国标准，秘鲁出口的沙丁鱼可以称为东太平洋或秘鲁沙丁鱼。

二、本案争议问题及其解决

（1）争议措施是否是技术性贸易壁垒协议意义上的技术规章。

欧共体原则上不否认欧共体规章是技术性贸易壁垒协议意义上的技术规章，但不接受秘鲁指控的争议措施（命名要求）是技术规章，因为技术性贸易壁垒协议意义上的技术规章涉及标签而不是命名要求。

专家组认为，欧共体提出的命名要求和标签要求的区别没有意义。技术规章可以界定产品的某一特征或某些特征。而欧共体规章规定了罐装沙丁鱼必须具备由北大西洋沙丁鱼制作的产品特征，从而符合技术规章的定义。标签和名称的通常含义可以互换，都是识别产品的方法

欧共体提出其规章没有对除北大西洋沙丁鱼外的产品规定强制性标签要求。专家组认为，一项规章可以通

过正面（肯定）要求或反面（否定）要求来界定产品的特征。欧共体的规章正面要求在欧共体销售的沙丁鱼产品必须是用北大西洋沙丁鱼制作的罐装沙丁鱼，以"沙丁鱼"的专有名称销售，其反面含义是允许销售的罐装沙丁鱼不能是用北大西洋沙丁鱼之外的沙丁鱼制作。含有东太平洋沙丁鱼或其他种类沙丁鱼的罐装沙丁鱼，都不能在欧共体销售。实质上，欧共体规章是通过否定形式规定了产品特征，从允许销售的罐装沙丁鱼中排除了东太平洋沙丁鱼。

正是基于以上规范性文件的精神，专家组得出结论，本案的争议措施是技术性贸易壁垒协议意义上的技术规章。

（2）争议措施是否与技术性贸易壁垒协议第 2 条第 4 款的要求相符。

这个问题是本案的核心问题之一。

本案首先由作为申诉方的秘鲁初步证明欧共体规章是技术性贸易壁垒协议意义上的技术规章，存在与该规章相关的国际标准，而欧共体规章没有以该国际标准作为依据。由作为被诉方的欧共体进行反驳，证明该国际标准对欧共体规章追求的合法目标无效或不适当。

欧盟所采取的措施是否属于技术法规是运用WTO/TBT协定的前提条件，如果所采取的措施不属于技术法规，则不属于WTO/TBT协定的范畴。专家组认为：欧共体法规属于技术法规，因为它规定了沙丁鱼罐头的特性，并且具有强制性。欧盟在上诉时并未对欧共体法规本身是否属于技术法规这一问题进行辩驳，而是重申被专家组驳回的两个主张。首先，欧盟辩称欧共体法规所包含的产品范围仅限于 Pilchardus 沙丁鱼罐头。它并没有调整由 Sagax 沙丁鱼制成的鱼罐头，因此 Sagax 沙丁鱼不是欧共体法规中的可确认产品，欧共体法规对于 Sagax 沙丁鱼而言不属于技术法规。其次，欧盟认为命名规则不同于标签要求，因而不受 WTO/TBT 协定的管辖。而且，即使确认欧共体法规与 Sagax 沙丁鱼有关，欧共体法规第 2 条所规定的命名规则也不是关于产品特性的。据此，欧盟认为欧共体法规不符合WTO/TBT 协定所规定的技术法规术语的定义。

上诉机构在审理本案时，直接引用了该机构在 EC 石棉及含石棉产品措施案中对技术法规概念的具体司法解释。在欧共体石棉案中上诉机构对技术法规的界定明确了 3 条标准，即：第一，文件必须适用于某个或某类可确认的产品。但是，在文件中并不需要确定该产品或该类产品。第二，文件必须制定产品的一个或多个特性。这些产品的特性可以是内在的产品特性，也可以是与产品相关的外在产品特性。对产品特性的描述或规定可以用积极的方式，也可以用消极的方式。第三，文件必须是强制性的。上诉机构认为文件只有符合上述三条标准，才能确定为技术法规。上诉机构根据已确定的 3 条标准逐条对欧盟的辩解进行了反驳。由于欧共体法规符合作为 WTO/TBT 协定意义上的技术法规所必须满足的 3 个标准，因此上诉机构支持专家组的裁定，即欧共体法规是 WTO/TBT 协定意义上的技术法规。

秘鲁在本案中的举证责任相对比较容易，也提供了大量证据。因而，整个案件的审查主要围绕欧共体的反驳意见进行。

（3）WTO/TBT 协定的溯及力问题。

欧共体提出了一系列的、渐进式的反驳意见。首先，技术性贸易壁垒协议第 2 条第 4 款对本案争议措施不适用，因为该争议措施是 1995 年 1 月 1 日（技术性贸易壁垒协议生效日）之前通过的，技术性贸易壁垒协议对其生效之前的措施不能追溯适用。欧盟认为 WTO/TBT

协定第 2 条第 4 款不适用于 1995 年 1 月 1 日前已经批准的欧共体法规，理由是：根据维也纳条约法公约第 28 条规定，条约一般不具溯及力，除非条约出于不同的目的或有其他规定，对于一方在条约生效前的任何已发生的行为、事实或任何已终止存在的情形，该条约不具约束力。而欧盟法规的批准是一种行为，该行为发生在 TBT 协定生效以前。

专家组认为、EC 法规是一种尚未终止存在的状态或措施。并且 TBT 协定并未对 1995 年 1 月 1 日以前批准的措施的适用有限制性，因此 TBT 协定第 2 条第 4 款适用于 1995 年 1 月 1 目以前就已批准但并未停止使用的措施。

专家组还从 WTO/TBT 协定第 2 条第 6 款中找到证据支持其结论。上诉机构完全支持专家组的分析，还补充道：从 WTO/TBT 协定第 2 条的标题"中央政府机构制定、采用和实施的技术法规"，可以看出这与欧盟将第 2 条第 4 款的解释仅局限于技术法规的制定和采用阶段是相矛盾的。此外，作为所有世界贸易组织协定的基础，确定建立世界贸易组织的《马拉喀什协定》第 16 条第 4 款规定："每个成员应确保其法律、法规和行政规章与所附各协定中规定的义务相一致。"该条款对所有世界贸易组织成员规定了明确的义务，以确保其现行法律、法规和行政规章与各协定规定的义务一致。基于上述原因，上诉机构支持专家组的裁定。即 TBT 协定第 2 条第 4 款适用于 1995 年 1 月 1 日前批准，但一直未停止使用的措施，如欧共体法规。

（4）WTO/TBT 协定第 2 条第 4 款的适用。

技术性贸易壁垒协议要求作为依据的国际标准不适用于已经存在的措施；联合国标准也不是相关国际标准，因为当欧共体规章通过时，联合国标准既没有存在也没有即将拟定。再次，欧共体不能使用联合国标准，因为欧共体成员国法律另有规定。最后，联合国标准对欧共体规章追求的合法目标无效或不适当。

首先，Codex Stan 94 能否作为"相关国际标准"。

WTO/TBT 协定第 2 条第 4 款要求各成员使用相关的国际标准或其中的相关部分作为其技术法规的基础。秘鲁认为 Codex Stan 94 对欧共体法规而言为相关国际标准，而欧盟则认为 Codex Stan 94 不是 WTO/TBT 协定第 2 条第 4 款含义中的"相关国际标准"。因为只有经国际机构协商一致通过的标准才属于国际标准。而且，即使承认 Codex Stan 94 为国际标准，它也不是 TBT 协定第 2

条第 4 款项下的相关国际标准，因为其所覆盖的产品范围与 EC 法规所覆盖的产品范围不同。欧盟认为欧共体法规只涉及沙丁鱼罐头，而 Codex Stan 94 既涉及沙丁鱼罐头又涉及沙丁鱼类产品。

对于欧盟的第一个抗辩，专家组援引了 WTO/TBT 协定附件 1 第 2 条解释性说明的最后两句话："国际标准化团体制定的标准是建立在协商一致基础之上的。本协定还涵盖不是建立在协商一致基础之上的文件。"并对此解释道：第 1 句话重申国际标准化团体制定的标准是建立在协商一致基础之上的，但是第 2 句话则承认国际标准的批准并不是总能达到协商一致，说明 TBT 协定所指的国际标准的批准可不经过协商一致。况且也没有证据表明 Codex Stan 94 不是经过协商一致的方式批准的。上诉机构完全同意专家组的解释。

对于欧盟的第二个抗辩，上诉机构认为：首先，即使接受欧共体法规只与 Pilchardus 沙丁鱼罐头有关，而 Codex Stan 94 第 6 条第 1 款第 1 项第 9 部分的规定表明 Codex Stan 94 也与 Pilchardus 沙丁鱼罐头有关，因此可以说 Codex Stan 94 与欧共体法规相关。其次，尽管欧共体法规只是明确提到 Pilchardus 沙丁鱼罐头，但它对于欲作为沙丁鱼罐头出售的其他种类的沙丁鱼而言，如 Sagax 沙丁鱼罐头产生了法律后果。Codex Stan 94 涉及除 Pilchardus 沙丁鱼以外的 20 种沙丁鱼，而其他种类的沙丁鱼也受欧共体法规规定的影响，因此，上诉机构认为 Codex Stan 94 与欧共体法规相关，支持专家组作出的 Codex Stan 94 是 WTO/TBT 协定第 2 条第 4 款意义上的相关国际标准的裁定。

其次，欧共体法规是否以 Codex Stan 94 为基础 WTO/TBT 协定第 2 条第 4 款要求各成员使用相关的国际标准或其中的相关部分作为其技术法规的基础。专家组裁定欧盟没有以相关国际标准 Codex Stan 94 作为欧共体法规的基础。

欧盟在上诉中对专家组的裁定提出异议，认为确定是否以相关国际标准或其中部分作为技术法规的基础，不应像专家组提出的以技术法规的重要组成部分或基本原理为评判标准，而应以标准与技术法规之间是否存在"合理联系"为评判标准。

上诉机构则同意专家组的结论，驳回了欧盟的主张。上诉机构还对"相关部分"进行进一步的说明，指出 TBT 协定第 2 条第 4 款中术语"与其相关部分"暗含着两个方面。第一，判定，欧共体法规是否以 Codex Stan 94 为基础，必须从分析 Codex Stan 94 中与术语"沙丁鱼"有关的部分入手。它不仅包括 Codex Stan 94 的第 6 条第 1 款第 1 项第 1 部分和第 6 条第 1 款第 1 项第 2 部分，还包括第 2 条第 1 款第 1 项的内容。第二，分析法规是否与国际标准相关，应考虑 Codex Stan 94 中所有相关条款，而不能忽视任何一条。

再次，欧共体法规采用 Codex Stan 94 对于达到合法目标是不是无效的或不适当的 TBT 协定第 2 条第 4 款的后半部分规定，各成员应使用国际标准或其中的相关部分作为其技术法规的基础，除非这些国际标准或其中的相关部分对达到其追求的合法目标无效或不适当。

欧盟认为，Codex Stan 94 允许 Pilchardus 沙丁鱼以外的沙丁鱼使用"×沙丁鱼"的名称，这对于达到欧共体法规所追求的市场透明度、保护消费者和公平竞争 3 个"合法目标"是"无效的或不适当的"。

针对欧共体的上述意见，专家组一一进行了分析、审查，并认定上述主张不能成立。

技术性贸易壁垒协议适用于该协议生效已经采取且在该日之后没有停止适用的措施。该协议第 2 条 4 款规定的以国际标准作为技术规章依据的要求，适用于已经存在的技术规章。联合国粮农组织和世界卫生组织食品规则委员会，是技术性贸易壁垒协议意义上的国际机构，其通过的与沙丁鱼相关的国际标准，是与本争端相关的国际标准。第 2 条第 4 款对成员所设定的义务，是一项持续性义务，不仅适用该协议生效后制定的技术规章，也适用于该协议生效前制定但仍适用的技术规章。世界贸易组织成员有义务根据世界贸易组织的义务，审查、修订在此之前制定的规章。如果该义务不适用于在该协议生效前制定并在该协议生效后仍然适用的技术规章，则世界贸易组织成员就可能以与世界贸易组织要求不一致的国内法律为借口，不履行世界贸易组织的义务。欧共体技术规章规定时现行联合国标准不存在这一事实，不影响欧共体根据技术性贸易壁垒协议事实，不影响欧共体根据技术性贸易壁垒协议第 2 条第 4 款的持续性义务，以现行联合国标准作为技术规章的依据。联合国标准没有以全准作为技术规章的依据。联合国标准没有以全体一致的方式通过，不影响其作为国际标准的法律地位。

专家组首先分析了"合法目标"的含义。专家组认为对于 WTO/TBT 协定第 2 条第 4 款提到的"合法目标"的解释，必须联系 WTO/TBT 协定第 2 条第 2 款的上下文，该款列举出"国家安全要求、防止欺诈行为、保护人类健康和安全、保护动物或植物的生命或健康及保护环境"为合法目标。但是，WTO/TBT 协定第 2 条第 2 款的措词"包括"表明"合法目标"不仅仅限于该条列举的几项；然后，专家组根据 TBT 协定第 2 条第 4 款要求，对欧共体法规措施的目标是否合法进行审查和判定，专家组认为欧盟法规所明确的 3 个目标，即市场透明度、保护消费者和公平竞争是合法的；最后，专家组审查了 Codex Stan 94 对于欧盟通过欧共体法规满足其所追求的 3 个目标是不是无效的或不适当的。专家组注意到欧盟的主张是建立在欧盟大多数成员国的消费者都认为沙丁鱼专指 Pilchardus 沙丁鱼的事实基础之上的。然而，通过审查双方提供的证据，专家组认为并不存在欧盟消费者将沙丁鱼认定为 Pilchardus 沙丁鱼的情况。况且，即使存在这样的情况，由于 Codex Stan 94 要求除 Pilchardus 沙丁鱼以外的沙丁鱼使用 "×沙丁鱼" 的名称，这样就不会使欧盟消费者将 Pilchardus 沙丁鱼与 Sagax 沙丁鱼相混淆。Codex Stan 94 的规定确保了市场透明度，从而保护了消费者的利益,促进了市场竞争。基于上述原因,专家组裁定 Codex Stan 94 对于达到欧共体法规的"合法目标"是"无效的或不适当的"。上诉机构完全同意专家组的意见。

对联合国标准,欧共体将其理解为"根据产品销售国的法律和习惯,在 × 沙丁鱼(生产国地理区域和种类)和惯常名称沙丁鱼之间进行选择。"专家组认为,联合国标准允许以四种方式对北大西洋沙丁鱼之外的沙丁鱼命名,即以生产国、地理区域名称、沙丁鱼种类和据销售国法律和习惯的惯常名称与"沙丁鱼"结合在一起命名。欧共体的理解,无论从英语语法上,还是结合法语和西班牙文本来理解,都是不正确的。秘鲁对欧共体出口的沙丁鱼以"秘鲁沙丁鱼"或"东太平洋沙丁鱼"命名,符合联合国标准。

专家组通过对欧共体成员国对沙丁鱼产品命名的考察,发现欧共体成员国内存在以生产国、地理区域或种类与沙丁鱼结合一起命名的情况。这一情况并没有引起欧共体所声称的导致消费者误解、造成不正当竞争。因而,适用联合国标准,不影响欧共体规章所追求的合法目标:消费者保护、透明度和公平竞争。

专家组最后得出结论,秘鲁提供了足够的证据和法律主张，证明联合国标准对实现欧共体规章所追求的合法目标并非无效或不适当，从而裁定欧共体规章与技术性贸易壁垒协议第 2 条第 4 款不符。

三、对本案的评述及其对我国的启示

概言之，在本案中争端解决小组从三个方向着眼解决问题：（1）Codex Stan 94 是否为"相关国际标准"；（2）Codex Stan 94 是否为欧共体法规的基础，（3）Codex Stan 94 是否无效或不适用，无法达到欧盟欲达成之合法目的。从 TBT 协定的定义，并从欧共体所提的论点（引用国际标准的规定不适用于 TBT 协定生效前的法规；即便要引用也应引用 Codex Stan 94 的前身标准，因为 Codex Stan 94 在欧共体采纳法规前并不存在；Codex Stan 94 并非相关国际标准，因为它并非共识产生；Codex Stan 94 并非相关国际标准，因为欧共体法规不规范 Pilchardus 沙丁鱼以外腌渍的鱼种），小组判定 Codex Stan 94 是标准，Codex 是标准组织，Codex Stan 94 与欧共体法规处理同样产品，且两者有相对应条文（包含标示规定），因此 Codex Stan 94 为"相关国际标准"。其中欧共体提出引用国际标准的规定不适用于 TBT 协定生效前的法规，小组认为 TBT 协定要求会员持续从采纳新的国际标准或修改的国际标准评估其现行的技术性法规。

欧共体诠释 Codex Stan 94 对于非使用 Pilchardus 沙丁鱼之产品其标示容许制造商选用"×沙丁鱼"或与销售国法令符合的通用名称。"×沙丁鱼"只是标示方式之一。小组则认为 Codex Stan 94 对于"某沙丁鱼"标示的规定提供制造商四种选择，即使用国家、地理区域、学名或销售国法令规定的通用名称取代×。欧共体的诠释有误。再者，欧共体诠释协定第 2 条第 4 款所述"以国际标准为基础"（ use as a basis for ）并不是"符合"（ conform to ）。对此，小组认为如果欧共体法规的确以 Codex Stan 94 为基础，就不会违反协定第 2 条第 4 款。且 Codex Stan 94 容许使用四类沙丁鱼可以作为名称的情形，如果如欧共体所称会员可以于其国内法另有规定的前提下不同意给予此四类情形使用"沙丁鱼"，那么国际标准的存在就没有意义，因为会员可以以其国内法与国际标准冲突而不使用国际标准为其自身措施辩护。

本案是目前关于 WTO/TBT 协定最重要的案例。一方面，从形式上，本案经历了双方磋商、专家组审查、上诉机构审查等从外交解决到司法审查的各个阶段。另一方面，从内容上，本案是专家组和上诉机构首次对WTO/TBT具体条款的适用作出司法解释的案例。它阐明了"技术法规""相关国际标准""合法目的"等重要概念，为人们对WTO/TBT协定的理解提供了法律依据。

各国产品的标准不一致，阻碍了国际贸易的发展。统一产品的国际标准，成为促进世界贸易发展的必然。在产品国际标准的制定中，发达国家发挥着主要作用。同时，发达国家还单方面制定技术规章，利用技术性贸易壁垒来保护自己的市场。相对于发展中国家来说，技术性贸易壁垒越来越成为发达国家保护国内市场的一种手段。本案及欧共体针对中国产品制定的打火机规章，就是这样的例子。

本案中秘鲁依据技术性贸易壁垒协议，对欧共体沙丁鱼的技术性规章提出的申诉获得了成功。这在世界贸易组织争端解决史上还是第一次。对于其他发展中国家来说，这无疑是一大鼓舞。

本案明确，世界贸易组织成员的义务是持续性义务，有义务时根据该义务及相关的国际标准，审查、修订自己采取的措施。世界贸易组织成员对相关义务的履行,不是一次性的、一劳永逸的,而是处于持续性状态。这点,无论是对于我国履行相关义务,还是我国对其他成员的措施提出申诉,都有重大意义。

欧共体的抗辩很有典型性,表现出步步为营的特点。首先,主张欧共体规章(争议措施)不是技术性贸易壁垒协议意义上的技术规章;其次,主张该协定第2条第4款对本争端不适用;再次,主张该协定第2条第4款要求的国际标准对本争端不适用;最后,主张相关国际标准对欧共体规章追求的目标无效或不适当。这种抗辩方式,相当于对申诉方的诉求设置了重重障碍,值得我们学习和应用。

通过对本案的分析,澄清了WTO/TBT协定中一些重要条款和用语的含义,得出以下几点基本结论。

(1)技术法规的界定

文件必须满足以下三个条件才能称之为技术法规,即①适用于某个或某类可确认的产品,但并不需要明确指出该确定产品。②制定产品的一个或多个特性。这些产品的特性可以是内在的产品特性,也可以是与产品相关的外在产品特性;对产品特性的规定可以用积极的方式,也可以用消极的方式。③文件是强制性的。

（2）WTO/TBT 协定的溯及力

WTO/TBT 协定适用于 1995 年 1 月 1 日前批准的，但一直未停止使用的技术法规、标准及合格评定等技术措施。

（3）国际标准的界定

WTO/TBT 协定所指的国际标准，并不一定必须经过协商一致的方式来制定，因为很多技术标准的制定并不是所有的国家都积极参与了。

（4）以国际标准或其相关部分为基础的判定

只有技术法规的制定采用国际标准中所有的相关条款，而不是忽视任何一条，才能称该技术法规的制定采用国际标准或以国际标准的相关部分为基础。

（5）合法目标

WTO/TBT 协定的合法目标并不仅局限于协定所列举的成员安全要求、防止欺诈行为、保护人类健康和安全、保护动物或植物的生命或健康以及保护环境等几项。还可以有其他的合法目标，如：提高市场透明度、保护消费者、公平竞争等。

另外，欧共体输掉本案的一个重要原因是，其抗辩的一个重要依据，认为欧共体的条例只是对欧洲沙丁鱼做了规定，未涉及太平洋沙丁鱼，因此 Codex Stan 94 标准的第 6 条 I 款 1（ii）的规定对其技术法规不适用，也不相关。对于这个抗辩，专家组和上诉机构都对此进行了有力回击，认为相关技术规范既可以从正面进行规定，也可以从反面进行规定。不过，欧共体条例就是用排除的方法，禁止了太平洋沙丁鱼在欧共体市场的销售。这一解释对我们是很新颖的，应该引起我们的重视。因此，当我们在对某类或某组产品制定技术性规范时，我们一定要注意对产品范围的规定要更加细致而具体，避免出现欧共体在本案中所出现的类似问题。

我们还需要进一步注意的是专家组和上诉机构均认定 WTO 成员国对 TBT 协定负有"持续义务"（on going obligation），而不仅只在制定、通过其技术法规时要保证符合相关的国际标准。此外，专家组认定，WTO 成员在 TBT 协定义务方面不能享有"祖父权利"（grandfather rights）。专家组指出一个成员要根据相关的国际标准不断地评估其制定的技术规范是否与 TBT 协定第 2 条第 4 款的规定相符。这实际上是要求成员要根据新的或修改过的国际标准，不断与时俱进更新技术法规。这一点对我国标准制定及管理部门来说是一种促动，我国政府应积极参与产品国际标准的制定，相关企业应及时了解、适用相关国际标准。同时，密切注意、搜集其他成员国制定、适用产品技术规章的情况。在此基础上，对于限制我国产品进入外国市场的技术性壁垒，采取积极的应对措施。❶为了获得我国在技术标准上的优势地位，国家政策和法律应该给予那些在食品安全方面制定高标准，尤其是高于国际标准或其他发达国家的标准的企业或个人以激励和支持，使得相关企业在其特长领域取得更加明显优势，从而整体上提升民众的健康福利。

第二节　食品安全标准所涉国际贸易争端成案研究之二：澳大利亚鲑鱼案

一、案件发生的背景

早在 1975 年 2 月 19 日,澳大利亚就已经发布了 86A（QP86A）检疫公告，在发布 QP86A 之前，澳大利亚对进口鲑鱼产品没有限制。发布 QP86A 后，禁止进口未处理新鲜的、冰解或冰冻鲑鱼，只允许被处理过的鲑鱼产品进入澳大利亚。

---

❶ http://www.tbtinfo.org.cn/Website/index.php?ChannelID=30&NewsID=1399.

在实施长达 20 年的禁止从北美进口未煮鲑鱼的检疫措施过程中，对加拿大的鲑鱼产品出口贸易造成了巨大的影响。1995 年 10 月 5 日，加拿大按照 DSU 第 4 条第 4 款，向澳大利亚提出磋商请求，加拿大认为澳大利亚实施的措施违背 GATT1994 第 11 条、第 13 条和 WTO/SPS 协定第 2 条、第 3 条、第 5 条的规定，损害加拿大的贸易利益。澳大利亚接受磋商请求，双方于 1995 年 11 月 23 日、24 日在日内瓦举行会议，没有达成一致意见。而且澳大利亚政府在 1996 年 12 月又根据风险分析报告的内容决定维持现行鲑鱼进口政策，出于检疫原因，禁止从北美太平洋进口未煮的，海洋捕捞的太平洋鲑科类产品。加拿大没有要求进一步的磋商。而于 1997 年 3 月 7 日向 DSB 请求成立专家组。1997 年 4 月 10 日，DSB 决定成立专家组，欧盟、印度、挪威和美国保持作为第三方参加专家组程序的权利，开始了本案的专家组审理程序。

1997 年 9 月至 1998 年 2 月专家组展开调查。

1997 年 11 月，专家组主席书面通知 DSB，因案件复杂及按照 SPS 协议第 11 条、DSU 第 13 条需向技术专家咨询，专家组在 DSU 规定的时间程序 6 个月内无法签署专家组报告，申请延长期间，并预计该报告将在 1998 年 4

月底完成。

二、争议问题及解决

（1）WTO/SPS 协定第 2 条第 2 款（2.2）

加拿大诉澳大利亚继续维持鲑鱼进口热处理政策和禁止进口未煮的鲑鱼产品没有足够的科学依据，违反 SPS 协议第 2 条第 2 款，第 5 条第 1 款，第 5 条第 2 款。加拿大列举了下列文件和研究报告的结论：①1994 年 12 月新西兰发表的"从加拿大进口海洋捕捞鲑鱼传入鱼类国外病的风险分析"一文结论这样写道：从加拿大进口无头、去内脏野生海洋捕捞鲑鱼（加拿大政府出具原产地证明和等级证明）的风险可以忽略，这对新西兰野生和养殖鲑鱼或非鲑鱼没有威胁。②1992 年由澳大利亚资源科技局 M.J.Nunn 领导的科学小组对动物检疫政策进行了总结，总结特别说道：现行禁止鲑鱼类肉进口的检疫政策是不公正的，应该修改。③1995 年 Dr.J.Humphrey 发表报告（称哈氏报告）：几乎没有什么证据可以证明进口人类消费的水生动物产品会造成病原在水生环境中定居的风险，还说现行热处理灭活病原也没有合理的依据，特别是热稳定性病原在较低温度处理下不被灭活。④1997 年

9月，新西兰应澳大利亚和美国市场准入要求，进行了风险分析，其结论是：进口加工过的水生物产品造成水生动物疾病传入的可能性可以忽略，对其他动物的风险也是非常低的，继续进行禁止进口未煮鲑鱼产品政策是不合适的。⑤在1996年最终报告中也这样论道：还没有文字记载的流行病学证据说明可通过加工的水产品传播水生动物疾病。……即使发现，也是相当不普遍和极其困难去认识的。⑥1995年澳大利亚风险分析草案报告指出，在特定条件下（去头、去内脏、冷冻、分隔包装，检验出证）从北美输入野生捕捞鲑鱼到澳大利亚，对国外病传入澳大利亚没有显著风险，这一观点与1994年新西兰风险评估报告一致。最终报告在没有指出95草案报告观点不正确或不合理的科学依据的情况下，断然推翻草案报告的结论，更严重的是，在没有任何解释和说明的情况下，删除了草案报告中的许多内容（科技咨询专家同意这一说法）。⑦加拿大委托澳大利亚专家David Vose对1995年草案报告中提及的最大风险病原鲑鱼气单胞菌和鲑鱼鼻杆菌在进口未煮鲑鱼引起病原定居的可能进行风险分析，而且加拿大方面要求Vose只引用澳大利亚方面发表的报告和数据。科技专家小组成员认为Vose的报告与本案极其相关。Vose 报告得出以下结论：一条鲑鱼要消耗 400 吨加拿大鲑鱼垃圾才有 50%可能摄够鲑鱼气单胞菌的感染量；或一条鲑鱼要消耗 7.8 吨加拿大鲑鱼垃圾才有 50%可能摄够鲑鱼鼻杆菌的感染量；垃圾排放稀释很高，风险低得可以忽略不计；废水排放中两种细菌的最高平均水平比引起感染的必需量低几十亿倍；要等上几十万年甚至几百万年才能有 50%机会看到因进口未煮鲑鱼产品引起的感染病变。

澳大利亚反击加拿大引用的这些报告误导了一个不精确的事实和所谓的科学氛围。澳大利亚指出，Vose 报告不可作为证据，这份报告只评价了 24 种病源中的 2 种，这种量化分析报告是不完善的，并且只分析了一种传播途径，忽视了其他高风险的传播途径，如垃圾丢弃被食腐鸟类吃食（如海鸥），喂食鸟类和鱼类等。澳大利亚认为 Vose 报告没有分析的地方恰恰比他分析过的更显重要。由于缺乏大量的流行病学资料，目前尚无法进行量化的风险评估。澳大利亚认为他们依据的科学根据包括：①至少有 20 种国外疾病有潜在可能存在于成年、野生海洋捕捞太平洋鲑鱼，可能会随进口鲑鱼产品传入澳大利亚； ②其中部分病原或全部存在于加拿大其他种类鲑鱼中；③一旦传入这类疾病，就无法清除这些病原，并造成严重的经济和环境影响。要证明上述依据，目前还没有足够的资料。但加拿大也没有提供足够的资料来补充可以进口的科学论据。加拿大没有直接在下列几方面提供相关科学依据：①野生、成年太平洋鲑鱼的疾病流行情况；②加工处理过程对感染的影响；③有效的检验手段；④感染剂量；⑤感染途径。

澳大利亚还认为缺乏病原扩散的依据并不等于扩散不会发生，又列举了美国对虾养殖发生 Taura 综合征、黄头病、白斑病的事例，尽管不能肯定其传入原因，但认为有可能是从发病地区进口供人类消费的冻虾造成了疾病的传入。

（2）WTO/SPS 协定第 2 条第 3 款（2.3）

加拿大列举 1996 年风险分析最终报告中的内容，说道地方流行性造血器官坏死病毒（EHNV，OIE 应通报疾病）在维多利亚虹鳟鱼和大西洋鲑鱼有发现记录，而在西澳没有报道过。然而澳大利亚在内陆运输鲑鱼产品方面没有采取任何措施来保护西澳不受该病的侵袭。最终报告这样写道：从有感染 EHNV 的地区运活鲑鱼至非感染区，应该采取控制措施，但由于感染很少，就没有必要对鲑鱼产品运输采取控制措施。加拿大认为这构成了不合理的歧视。

澳大利亚认为 EHNV 在澳大利亚引起的环境和商业损失很少，由于地貌和气候因素的影响，西澳不像澳洲东南部那样鲑鱼生产和观赏渔业有重要商业意义。因此国内运输的控制措施不同于从国外进口，国外疾病的传播风险远比 EHNV 要大得多，在澳大利亚还没有哪种水生动物疾病重要到要在国内产品运输过程采取控制措施。澳大利亚称北方领地没有鲑鱼，昆士兰只限少部分山区有一些，但加拿大说，这一点正好与不允许加拿大产品进入北方领地和昆士兰形成鲜明对照，再一次说明澳大利亚违反 SPS 协议第 2 条第 3 款。

（3）WTO/SPS 协定第 3 条第 1 款（3.1）

加拿大认为澳大利亚在制定检疫卫生措施时，没有参照 OIE—FDC 的标准或建议，违反 SPS 协议第 3 条第 1 款。FDC 认为鱼类去内脏产品已将风险降低到可以忽略不计的地步。澳大利亚则反驳说 OIE 只规定了少量疾病的标准，本案涉及的大多数疾病在 OIE 规则中还不存在，也就是说澳大利亚制定政策的基础在 OIE 标准内没有。加拿大称，若按照澳大利亚的说法，只要有一种疾病不在 OIE 标准或建议规则内，就可以不按照 OIE 规则制定措施。要按照澳大利亚的理解，许多国际规则指引或建议对 SPS 协议所起到的作用都是很小的了。而澳大利亚则强调疾病数量的多少，即 OIE 规则中只对极少数的疾病做了规定。

（4）WTO/SPS 协定第 3 条第 3 款（3.3）

加拿大认为澳大利亚措施达到比 OIE 标准定的措施有更高的保护水平，是不科学、不公正的，与 WTO/SPS 协定其他规定不符，包括第 5 条第 1 款、第 5 款、第 6 款及第 2 条，因而违背了第 3 条第 3 款的义务。澳大利亚认为 OIE 标准、规则或建议是最低标准，澳大利亚有权根据风险评估的结果，制定比 OIE 标准更高的保护水平。

（5）WTO/SPS 协定第 5 条第 1 款（5.1）

①风险分析基本情况。

澳大利亚根据 GATT1994 第 22 条的磋商结果同意加拿大和美国的要求，就涉及从北美进口未煮鲑鱼的检疫卫生措施作风险分析，由于这次任务的复杂性，双方都认为首先对野生、海洋捕捞太平洋鲑鱼进行风险分析。于 1995 年 5 月出了草案报告，1996 年 12 月发表了风险分析的最终报告。1995 年 5 月公布的风险分析草案的结论是，在特定条件下，可以从美国、加拿大进口去内脏，无头的海洋捕捞鲑鱼，特定条件包括：合适授权机构认可的加工厂，对加工过程、检验分隔包装要求等。但在 1996 年 12 月发表最终报告指出，太平洋鲑鱼中 20 多种疫病对澳大利亚来说是外来疾病，尽管侵入扩散的可能性较低，也会对水产养殖和观赏渔业造成重要的经济影响，另外对环境也有影响。报告认为，20 多种疾病的任何一种一旦传入并扩散，肯定是消灭不了的。换句话说，1996 年最终报告推翻了 1995 年风险分析草案报告的结论。

②完善性。

加拿大认为澳大利亚所作的 1996 年最终报告：第一没有评估疾病传入的可能性；第二没有对疾病逐个进行风险分析；第三没有对不同措施达到的保护水平进行分析。澳大利亚强调说风险分析方法可采用相关国际组织（如 OIE）发展的方法，但不仅仅限于此，而且还说没有单一的风险分析模型，由于水生疾病研究的资料不多，在最终报告中采用的是定性分析方法。OIE 也没有规定要一个病一个病地分析评估。

加拿大强调澳大利亚描写了每种病害可能定居发生的情形及相关因素，但没有对假设的情形作必要的概率推测。尽管最终报告中列举了五种检疫措施，但没有就每种检疫措施所达到的风险保护水平进行评估。澳大利亚认为很难在这五种措施间量化风险水平。澳大利亚还认为1995年草案报告过低估计了风险水平，而最终报告中所列举的事实（如美国进口冷冻对虾造成虾病流行；旋转病病原在澳大利亚改变宿主；加拿大发现ISA；大不列颠哥伦比亚省发现鲑鱼红血球坏死病毒；在加拿大大西洋鲑鱼发现VHS），都是澳大利亚以前不了解的。

专家认为，澳大利亚1995年草案报告分析思路清楚，分析技术正确，有科学依据，是可以很好用作依据的定性风险分析报告。

而1996年的最终报告是草案报告发表后的文件总结，与草案报告的不同部分应该清楚阐明在评估、结论和结论性政策建议等方面不同的原因。然而风险分析专家认为1996年报告在实际风险评估方面远没有草案报告清楚，这份报告不仅在许多方面含糊不清，而且也改变了基本的风险评估方法，仅仅得出风险的可能性（Possibility），而不是风险发生。

③新西兰风险分析。

同时，加拿大又列举了新西兰风险分析报告，哈氏报告，1995 年草案报告的主要内容和结论进行举证。然而澳大利亚则反驳说，新西兰的分析报告与本案无关。因为：第一此类型的风险分析不适合使用定量风险分析技术；第二澳大利亚和新西兰在许多应考虑分析因素方面是不同的；第三新西兰分析报告没有考虑病害传入的后果；第四新西兰专家的假设并不反映澳大利亚专家的分析方法和合适的保护水平；第五该分析报告的分析技术模型有缺陷。

这两个国家的自然条件有许多相似的地方，该报告的部分内容与本案有关，新西兰的风险分析报告对每一种疾病都进行了风险分析，得出的结论理由充分，技术专家肯定了新西兰风险分析技术的正确性，特别指出新西兰报告与澳大利亚报告中都提到鲑鱼气单胞菌是最容易引起传入的病源，这一病源在病鱼的肌肉中浓度高，新西兰对此进行了单独的定量风险评估。专家认为如果新西兰报告中所用数据是正确的，那么同样适用于澳大利亚。新西兰在 1994 年的风险报告中得出结论：从北美进口去头和去内脏的冰鲜或冰冻鲑鱼没有可能传入鲑鱼气单胞菌。

澳大利亚措施不是根据合适的风险分析为依据制

定，不符合 SPS 协议第 5 条第 1 款，也与第 2 条第 2 款不符。

（6）WTO/SPS 协定第 5 条第 5 款（5.5）

①适宜的保护水平。

加拿大指证澳大利亚没有阐述清楚目前使用的措施所要达到的"适宜保护水平"。在草案报告中对进口美加未煮鲑鱼定性为"没有重大风险"，在最终报告中却将"可接受的风险水平"变成了"非常低风险"，用疾病定居的"可能性"作为禁止进口未煮鲑鱼的依据。这等于是实行的零风险政策。加拿大认为澳大利亚既没有确定"适宜的保护水平"，也没有以"适宜的保护水平"为目的而制定检疫卫生措施，违反 WTO/SPS 协定第 5 条第 5 款。

澳大利亚认为在最终报告中描述了"适宜保护水平"。澳大利亚政府历来在"适宜保护水平"方面采用保守方法，是考虑到澳大利亚是一个岛国，它没有在其他地方已经发生的许多疾病，而且其农产品生产和出口是其非常重要的经济支柱。尽管发生的概率很小，但一旦发生的后果对澳大利亚来说是无法接受的。20 世纪 70 年代以来，鲑鱼在澳大利亚的分布和数量显著增加，消费生鱼产品的数量也大大增加，这样澳大利亚鲑鱼受外来病感染的机会大大增加，在不同时期采取的检疫政策是随澳大利亚社会对"适宜保护水平"期望的改变而改变的。

②任意或不公正的不同保护水平。

加拿大认为澳大利亚的不同保护水平是任意和不公正的，体现在如下几方面。

第一，已经确认，非种间特异性 A.salmonicida 的宿主谱较广，包括太平洋鲱鱼、黑线鳕、鲽鱼、日本鳗等，澳大利亚允许这些品种的冰鲜产品（整条）进口，然而在不知道太平洋鲑鱼是不是 A.salmonicida 的宿主情况下，澳大利亚以该菌可能是太平洋鲑鱼的宿主而禁止未煮鲑鱼进口。在最终报告中，澳大利亚承认在成年野生海洋捕捞的太平洋鲑鱼中从未发现过 VHSV、IPNV，而澳大利亚却禁止进口未煮鲑鱼以防止这两种疾病传入澳大利亚。而已知 VHSV 的宿主包括太平洋鲽鱼、鲱鱼、大西洋鲽鱼、黑线鳕，IPNV 的宿主有大西洋鲱鱼、欧洲鳗、日本鳗和鲽鱼，澳大利亚都没有禁止进口这些水生动物种类的冰冻产品。

第二，澳大利亚进口整条的冷冻鲱鱼用作澳大利亚水域的饵料，这样做的风险要比进口去头、去内脏作为人类消费的冰冻鲑鱼大得多，我们已知鲱鱼是 A.salmonicida，IPNV，VHSV 的宿主。

第三，在澳大利亚检疫框架下，1988—1997 年澳大利亚进口淡水、海水观赏鱼达 5900 万尾，已知这些观赏鱼是：A.salmonicida，耶尔禁氏菌、爱德华氏菌、IPNV 和安圭拉弧菌的宿主，而且已有事实证明进口活的观赏鱼传入了国外病。1995 年哈氏报告也指出，引进活鱼或无脊柱动物时传入国外病的风险是特别高的。然而还不知道加拿大成年野生海洋捕捞鲑鱼是不是这些病原的宿主却被拒绝进口。

第四,澳洲维省的虹鳟鱼、大西洋鲑鱼发现 EHNV,而西澳大量商业养殖鲑鱼和重要的运动渔业未发现 EHNV 的报告，然而其国内鲑鱼产品的运输方面没有任何限制，澳大利亚没有举证解释国内保护水平和禁止冰冻鲑鱼进口所达到的保护水平之间不同的理由。

技术专家支持加拿大的论点。

澳大利亚反驳说，加拿大引用的一些证据或文章是过时的，加拿大没有考虑报告发出时的情况，而且所用的任何报告都不是进口风险分析的报告。澳大利亚进口观赏鱼和娱乐业鱼种是在考虑环境因素和联系野生动物保护法下评估后做出的决定。同时有严格的检疫措施。

专家组认为很多证据证明活的水生动物引进外来疾病的风险最高，尤其活的观赏鱼的风险更大。加工过程可以降低风险。风险高的观赏鱼能进口，而相同风险或更低风险的产品种类则要求更高的检疫要求。因此澳大利亚的卫生要求是任意和不公正的。概率（Probability），这既不是适宜的技术方法，也不是基于风险分析综合的科学结论。

③变相限制国际贸易。

加拿大认为澳大利亚措施是变相的国际贸易限制措施。澳大利亚反驳说以上要点不是事实，只是妄然推断。专家组认定这是伪装的、歧视的限制国际贸易的变相措施。

（7）WTO/SPS协定第5条第6款（5.6）

加拿大认为澳大利亚措施比要获取适宜的卫生保护水平所需更具贸易限制性，因此澳大利亚措施违反WTO/SPS协定第5条第6款。

澳大利亚允许非鲑鱼（整条不去内脏）作用饵料的水生产品进口，按澳大利亚的说法，这达到了一致的适宜保护水平，而风险比这小的去头、去内脏冰冻鲑鱼却遭拒绝进口，要进行热处理后方可进口，可见其保护水平的任意性。而且热处理消除风险是没有科学依据的，有时反而增加了风险。

澳大利亚认为，风险是存在的，不用争辩的，至于用什么方法来控制风险达到合适的保护水平，目前除"禁止"以外还没有其他更好的办法。澳大利亚有权采用比较谨慎的方法。况且 WTO/SPS 协定没有限制成员国采取何种方法。

技术专家证实目前关于野生海洋鱼类疾病的流行病学资料不多，野生和养殖渔业之间的疾病传播流行病学资料更少。但专家们从以往的实践中一致认为去内脏产品能大大降低疾病传播的风险。通过人类消费的去内脏鱼产品侵入疾病还从未有过先例。欧盟、新西兰也都是采取了这一方法来控制疾病传播的。专家们举例证明了这些论点。

如英国进口未去内脏鱼作为网箱养殖饲料结果引起 VHS 的传入和流行。又如有超过 12 起报道因感染 IHNV 的活鱼或卵运输造成 IHNV 扩散，但没有一例报道 IHNV 的扩散与新鲜去内脏鱼有关。再比如智利鲑鱼养殖场流行鲑鱼立克次氏体病，挪威有些鲑鱼养殖场流行传染性鲑鱼贫血，但这两个国家每年出口几千吨冷鲜、去内脏鲑鱼产品，都从未在其他地方造成疾病传入和定居。专家中有一名叫 Dr.Winton 的专家谈到了他自己还没有发表的研究报告，该研究报告称，某公司养殖场几乎所有鱼都不同程度地感染 IHNN，但加工后的新鲜去内脏样品，采用细胞培养分离和 PCR 技术，都从未检出过病毒。

关于热处理，技术专家举了一个例子，Myxobolus-cerebralis 是旋转病的病原，是能形成芽胞的微生物，热处理很难将它灭活。

OIE 的鱼类疾病委员会（FDC）对鱼病风险评估没有推荐的正式程序。FDC 对有些疾病的记录少，并不是 FDC 考虑得少，而是目前对这些疾病缺乏研究，也没有标准的诊断方法。专家组提议各成员国都应避免使用"安全"一词，因为大多数人会理解成"零风险"，其实"零风险"是不可能的。FDC 一致认为去内脏鲑鱼达到了较高的安全水平，FDC 经过认真研究并取得一致意见，去内脏鱼能提供非常高的安全保护水平，去内脏鱼代表了最低风险，不能成为限制贸易的理由。

专家组认为澳大利亚的反驳不成立，澳大利亚措施比要获得适当的卫生保护水平更具贸易限制性。1996 年最终报告没有指出，其他材料也没有反应出热处理措施确实能大大降低疾病传入风险，根据技术专家观点分析，已知有些病原在热处理过程中仍可存活，有的还可以繁殖，而有些病原在冷冻过程中反而降低了传播风险。

（8）第三方陈述意见

专家组认为即使鲑鱼产品可能带有的疾病比其他鱼类产品多，但不影响这些产品作为"不同情形"（第 5 条第 5 款）的比较。对同一种疾病来说，传入或引起的生物和社会后果是相同的或相似的。专家组认为所谓不同情况下风险和后果都可以在第 5 条 5 款条下进行比较。

专家组报告于 1998 年 5 月 8 日提交给争端各方。随后 WTO 秘书处向成员国散发专家组报告。专家组认为澳大利亚禁止从北美进口鲑鱼的措施不符合 SPS 协议第 5 条第 1 款，第 5 条第 6 款，第 2 条第 2 款，第 2 条第 3 款，在一定程度上损害或减损了加拿大在 SPS 协议下的利益。建议 DSB 裁决要求澳大利亚遵守 SPS 协议的义务，对检疫措施做出修正。

三、对上诉机构报告（WT/DS18/AB/R）的审理结论

在专家组报告向各成员国散发后，1998 年 8 月，澳

大利亚对专家组报告的某些法律解释提起上诉。同时，加拿大也递交了上诉请求。

第一，上诉机构对澳大利亚措施违反 WTO/SPS 协定第 5 条第 1 款的审议。

专家组为了分析澳大利亚的措施，先假定澳大利亚1996 年年终报告是 SPS 第 5 条第 1 款所说的风险评估，上诉机构认为，专家组不应当依据这一假定来做分析，完全可以依据对事实的分析做出结论，即 1996 年年终报告中没有评价疾病进入成员方境内的概率，也没有评价采取措施能减少疾病进入的概率，因此澳大利亚 1996 年年终报告不是 SPS 协议第 5 条第 1 款所说的风险分析。由于这是澳大利亚提供的唯一风险分析报告，上诉机构认为澳大利亚对新鲜、冰鲜和冷冻鲑鱼禁止进口的措施不是以风险分析为基础，因此不符合 SPS 协议第 5 条第 1 款。

专家组认为，违反第 5 条第 1 款的措施也就是违反了第 2 条第 2 款，但指出违反第 2 条第 2 款的措施不一定违反第 5 条第 1 款。上诉机构同意专家组的观点。

第二，上诉机构对澳大利亚措施是否违反 WTO/SPS 协定第 5 条第 5 款的审议。

澳大利亚的措施是否符合 SPS 协议第 5 条第 5 款的

问题。澳大利亚指出专家组在分析时犯了法律错误，在分析"不同情况"时专家组把不可比的情况放在一起分析，所以得出了错误的结论。上诉机构认为，相同或类似疾病进入一国国境及传播的不同情况是可比的。有着相同或类似生物或经济影响的疾病也属于可比的情况。上诉机构认为专家组在这一问题上的分析和结论都是正确的。

第三，上诉机构对澳大利亚措施是否违反 WTO/SPS 协定第 5 条第 6 款的审议。

澳大利亚的措施是否超出了保护的必要程度而成为限制贸易的措施，从而违反了 SPS 协议第 5 条第 6 款？澳大利亚认为，在其他措施是否可以达到相似的保护程度问题上，专家组的结论是错误的，因为专家组实际在用目前采取的措施和热处理做比较，而不是和必要保护程度做比较。

专家组认为，根据 WTO/SPS 协定第 5 条第 6 款的脚注，如果存在着其他技术上和经济上可行的其他保护措施，可以达到类似的保护程度，但其对贸易的限制作用明显小于已经采取的措施，则已经采取的措施就超过了必要的保护程度。专家组注意到，澳大利亚 1996 年年终报告提到了五种不同的保护途径，其中一种是热处理。专家组对其他四种作了分析，认为上述三个条件都满足，因此认为澳大利亚的措施也违反了 WTO/SPS 协定第 5 条第 6 款。

上诉机构指出，1996 年年终报告列出了 5 种其他措施，但没有列出各自的保护程度，专家组的分析也没有提供这方面的事实。上诉机构认为对这一问题无法分析，不得不推翻专家组认为澳大利亚的措施违反了 WTO/SPS 协定第 5 条第 6 款的结论。但上诉机构认为，根据已有的材料，上诉机构应当完成对这一问题的分析。上诉机构承认，专家组采用的第 5 条第 6 款脚注中的标准是正确的，因此也运用这三条标准分析澳大利亚目前采用的措施。根据资料得知，存在着可以采用的其他措施。至于其他措施是否可以达到与已采取的措施类似的保护程度，上诉机构注意澳大利亚采取的是禁止进口的措施，这是属于"无风险"措施。

上诉机构明确指出，它并没有确定澳大利亚是违反还是没有违反 WTO/SPS 协定第 5 条第 6 款，非常有可能存在违反第 6 款的情况，由于没有事实依据来证明，上诉机构无法得出结论。

第四，上诉机构对"鲑鱼产品范围"的审议。

加拿大出口的鲑鱼包括海洋捕捞的和其他鲑鱼。专家组在讨论澳大利亚的措施是否符合SPS协议第5条第1款时，把所有鲑鱼都包括在内，但在讨论澳大利亚的措施是否符合 WTO/SPS 协定第5条第5款和第6款时，专家组只限于讨论海洋捕捞鲑鱼。加拿大认为专家组的结论在法律上是错误的。上诉机构注意到，专家组这样做的理由是：几乎所有的证据都只是"成年、野生和海洋捕捞鲑鱼"的数据。上诉机构指出，"专家组需要讨论为解决争端事项必须讨论的问题"。上诉机构认为，在本案中，不讨论澳大利亚对其他鲑鱼采取的措施是否符合 WTO/SPS 协定第5条第5款和第6款的问题，都不可能向争端解决机构提出充分的建议，在讨论 WTO/SPS 协定第5条第5款的问题时应讨论所有鲑鱼，没有理由只讨论其中一类产品。经过对事实的分析，上诉机构认为，就其他鲑鱼而言，澳大利亚的措施满足了违反 WTO/SPS 协定第5条第5款的条件。但由于缺乏事实，不能确定其是否违反了 WTO/SPS 协定第5条第6款。

1998 年 10 月，常设上诉机构主席签发了上诉机构报告。上诉机构建议争端解决机构要求澳大利亚修改专家组和上诉机构都认为不符合 SPS 协议的措施，使其符合协议规定。

通过案件的发展和审理过程，可以看出澳大利亚方面用足了 DSB 所能提供的时间期限和程序技巧，特别是仲裁执行最后期限是 1999 年 7 月 6 日，而到 1999 年 7 月 19 日才发布新的检疫卫生措施，严格意义上说，可以不认可这一新措施，也无须去审议它，可以直接进入仲裁程序，但加拿大在申诉这一问题同时又诉请成立专家组进行审议裁决，而没有直接请求 DSB，在合理期限到期后 30 天内授权中止关税减让或其他义务。当然 DSB 以争端解决为宗旨，尽可能避免争端引发两国间的贸易战争，虽然加拿大赢得了这场官司，但澳大利亚也不是彻底的输家，它在实际的贸易中赢得了时间，为国内鲑鱼业生产、加工业赢得了大量的机会。因此，也不难理解，WTO 设立的是 DSB——争端解决机构，以最终解决争端避免贸易战为宗旨，而不是判决谁输谁赢为最高宗旨。

四、对本案的评论

GATT 第 20 条是关于缔约方承担义务之例外的条款，这一条允许 WTO 成员方为了第 20 条所列举的理由，采取某些措施，但实施的措施"不得构成任意的或不合理的差别待遇，或构成对国际贸易的变相限制"。第20条列举的理由包括：为保障人民、动植物的生命或健康。SPS协议就是第20条精神的具体体现。协议的基本目的是允许所有实施保护人类、动物和植物生命或健康的措施，同时，还要保证这些措施不得滥用于保护主义的目的，不对贸易构成不必要的障碍；其宗旨是建立由规则和纪律构成的多边框架，以引导卫生和植物检疫措施的制订、采用和实施，尽量减少其对贸易的负面影响。

本案涉及卫生和植物检疫措施，是WTO成立后第一个涉及SPS协议的纠纷。本案专家组和上诉庭对案件的分析有助于对SPS协议有关条款的理解。协议第2条第1款指出："成员方有权采取卫生与植物检疫措施，以保护人类、动物和植物生命或健康"；第5条第1款规定："卫生与植物检疫措施应当以风险评价为依据"。

可见，一个成员方要实行卫生与植物检疫措施，除了符合一些原则性的规定外，其具体义务的第一条就是必须进行风险评价。本案上诉庭指出，SPS协议第5条所指的风险评价应当指明成员方意图阻止进入其境内的疾病种类及其社会和经济影响；评价该种疾病进入成员方境内的可能性（likelihood）；评价如果采取了 SPS 措施后这一疾病进入的可能性（probability）。第二个条件和第三个条件都用了"可能性"的提法，但两个条件分别使用了英语中两个不同的词汇，第二个条件用了 likelihood，第三个条件用了 probability。这两种可能性所指事件发生概率是不同的。本案中澳大利亚要阻止入境的是鱼类传染疾病，澳大利亚的有关报告指明了这一点，但澳大利亚没有评价其他两个条件，因此它的做法不符合 SPS 协议的规定。

本来专家组或上诉庭可以不再分析协议涉及的其他问题，但专家组还是在假设澳大利亚作了风险分析（risk analysis）的前提下，对第 5 条第 5 款进行了分析。这一条规定各成员方在不同情况下视为合理的措施如果在保护程度方面存在差异，而这些差异会产生歧视或对国际贸易造成歧视，应当尽量避免出现任意的或不合理的差异。从专家组的报告看，所谓不同情况应当是指可比的情况，而非完全没有联系的情况。如果某个国家在不同情况下所采取的检疫措施保护程度不同，这些不同程度的保护没有任何理由，其结果造成差别待遇或限制国际贸易，这样的措施就不符合 SPS 协议第 5 条第 5 款。在本案中，至少有另外两种鱼也可能携带病菌，而且其危险性比鲑鱼更大，澳大利亚禁止鲑鱼进口（最高程度的保护），但对另外两种鱼没有采取任何措施（没有保护），可见程度如此不同的保护是任意的和没有理由的。专家组在分析第三个条件时提出的三个信号和三个额外条件，上诉庭认为第一个额外条件是第一个信号的重复，综合来看共有 5 个条件：（1）采取措施之随意性；（2）保护措施的区别程度；（3）保护措施不符合 SPS 协议第 5 条第 1 款；（4）被申诉方国内法律、法规的变化及其理由；（5）对同一品种动物在国内流通是否限制。为了应对食品贸易领域可能出现的法律风险时，我们需要认真研究既有案例，以及相关领域我国在相关技术规范制定、相关法规及法律程序方面可能存在的问题，有针对性地做好法律风险的防范工作。

参考文献

外文文献

[1] Emilie H. Leibovitch. Food Safety Regulation in the European Union: Toward an Unavoidable Centralization of Regulatory Powers. Texas International Law Journal 43, No. 3 (2008).

[2] Shirley A. Coffield. Biotechnology, Food, and agriculture Disputes or Food Safety and International Trade. Canada United States Law Journal 26, (2000).

[3] John. H Jackson. The Jurisprudence of GATT and the WTO (second edition) [M]. Higer Education Press, 2002.

[4] Roberts, Donna & Unnevehr, Laurian. Resolving trade disputes arising from trends in food safety regulation: the role of the multilateral governance framework, World Trade Review. Cambridge University Press, vol. 4 (03), November 2005.

[5] FAO, WHO Report of the evaluation of the codex alimentary and other FAO and WHO food standards work[R]. Alinorm, 2003.

[6] Reba A Carruth (ed). Global Governance of Food and agriculture Industries[M]. Edward Elgar, 2006.

[7] Joanne Scott. The WTO Agreement on Sanitary and Phytosanitary

Measures[M]. New York. Oxford University Press, 2007.

[8] Veerle Heyvaert. Levelling down, levelling up, and governing across: three responses to hybridization in international law[J]. European Journal of International Law, 2009, 20 (3) .

[9] World Bank. Food Safety and agricultural Health Standards: Challenges and Opportunities for Developing Country Exports[R]. Report No. 31207, January, 10, 2005.

[10] Michael T. Roberts. Mandatory Recall Authority: A Sensible and Minimalist Approach to Improving Food Safety[J]. Food and Drug Law Journal, 2004, (563).

[11] Joseph A. Levitt. FDA's Foods Program[J].Food and Drug Law Journal, 2001, 56 Food Drug L. J. 255.

[12] Eluned Jones. Entity Preservation and Passport Agriculture: EU VS. USA[J].Drake Journal of agricultural Law, Summer, 2002.

[13] WHO global strategy for food safety: safer food for better health [R]. Geneva, 2002.

[14] Ignacio Carreno. The New European Community Rules on the Labeling of allergen Ingredients in Foodstuffs[J]. Food and Drug Law Journal, 2005, 60 Food Drug L. J.375.

[15] WTO. the SPS Agreement and Developing Countries. Geneva, 1998.

[16] EU Institution press releases Query. Food without fear: amended food labeling directive allows consumers to discover details on allergens, 2002.

[17] Commission of the European Communities. White Paper on Food Safety [R]. Brussels, 2000.

[18] European Commission. Health Food for Europe' s Citizens, the European Union and Food Quality[R]. Belgium, 2000.

[19] James Markusen and Mattias Gandslandt. Standards and Related Regulations in International Trade: A Modeling Approach[M].

Washington DC, 2000.

[20] Kerstin Mechlem. Food Security and the Right to Food in the Discourse of the United Nations. European Law Journal 10, No. 5 (2004).

[21] Zhao Rongguang and George Kent. Human Rights and the Governance of Food Quality and Safety in China. Asia Pacific Journal of Clinical Nutrition 13, No. 2 (2004).

[22] FAO/WHO Regional Conference on Food Safety for the Americans and the Caribbean. San Josè, December 6- 9, 2005.

[23] Claire Mahon. Progress at the Front: The Draft Optional Protocol to the International Covenant on Economic, Social and Cultural Rights. Human Rights Law Review 8, No. 4 (2008).

[24] WHO, Foodborne disease outbreaks: Guidelines for investigation and control (2008).

[25] Stefania Negri, Emergenze sanitarie e diritto internazionale: il paradigma salute-diritti umani e la strategia globale di lotta alle pandemie ed al bioterrorismo, in Scritti inonore di Vincenzo Starace 1, Napoli: Editoriale Scientifica 2008.

[26] David P. Fidler. Comments on WHO' s Interim Draft of the Revised International Health Regulations, in Lawrence O. Gostin, ed., Public Health Law and Ethics: A Reader, Berkeley: University of California Press 2002.

[27] Catherine Button, The Power to Protect: Trade, Health and Uncertainty in the WTO Oxford- Portland: Hart Publishing 2004.

[28] FAO/WHO, Understanding the Codex Alimentarius 27 (3d ed. 2006).

[29] Catherine Button, The Power to Protect: Trade, Health and Uncertainty in the WTO, Oxford- Portland: Hart Publishing 2004.

[30] Joel P. Trachtman. The World Trading System, the International

Legal System and Multilevel Choice, 12 EUR. L. J. (2006).

[31] Steve Charnovitz. Triangulating the World Trade Organization, 96 Am. J. Int'L. 28, 51 (2002).

[32] Sol Picciotto, Rights, Respinsiblities and Regulation of International Business, 42 Colum. J. Transnat'l L. (2003).

[33] Bruce A. Silverglade. The WTO Agreement on Sanitary and Phytosanitary Measures: Weakening Food Safety Regulation to Facilitate Trade?, 55 Food & Drug L. J. (2000).

[34] World Bank. Food Safety Food Safety and agricultural Health Standards: Challenges and Opportunities for Developing Country Exports, Report No. 31207, January, 10, 2005.

[35] Ching- Fu Lin. Global Food Safety: Exploring Key Elements for an International Regulatory Strategy, 51 Va. J. Int'l L. 637.

[36] Mattli, W. & Büthe, T. (2011), The New Global Rulers: The Privatization of Regulation in the World Economy, Princeton University Press, New Jersey.

[37] Wijkström, E. & McDaniels, D. (2012), Managing Conflict in the WTO Without Formal Disputes: Enhancing the Use of Notifications and Specific Trade Concerns, Presentation at 20 12 WTO Public Forum. Available at: http: //www. entwined. se/download/ 18.386979f513a1a34373990/1349160140678/4.+En hanc ing+ the + Use+ of+Notifications+and+Specific+Trade+C oncerns. pdf.

[38] WTO (2011a), Market Access for Non- agricultural Products, International Standards-Communication from Mauritius on behalf of the ACP Group, Negotiating Group on Market Access, 14 January 2011, JOB/MA/80.

[39] WTO (2011b), Market Access for Non- agricultural Products, International Standardization-Communication from the delegations of the European Union, India, Malaysia, Norway, thePhilippines,

Switzerland and Thailand, Negotiating Group on Market Access, 19 January 2011, JOB/MA/81.

[40] WTO (2011c), Decisions and recommendations adopted by the WTO Committee on Technical Barriers to Trade since 1 January 1995, 9 June 2011 (11- 2857), G/TBT/1/Rev.10.

[41] WTO (2011d), Committee on Technical Barriers to Trade, Compilation of Sources on Good Regulatory Practice, 13 September 2011, (11- 4394), G/TBT/W/341.

[42] WTO (2012a), Sixth Triennial Review of the Operation and Implementation of the Agreements on Technical Barriers to Trade, 29 November 2012 (12- 6612), G/TBT/32.

[43] WTO (2012b), World Trade Report 2012- Trade and Public policies: A closer look at non- tariff measures in the 21st Century, available at: http: //www. wto. org/english/res_e/booksp_ e/anrep_ e/world_ trade_report12_e. pdf.

[44] United States - Certain Country of Origin Labelling (Cool) Requirements, Reports of the Appellate Body (AB- 2012- 3), 29 June 2012 (12- 3450), WT/DS384/AB/R and WT/DS386/AB/R.

[45] United States - Measures Affecting the Production and Sale of Clove Cigarettes, Report of the Appellate Body (AB- 2012- 1), 4 April 2012 (12- 1741), WT/DS406/AB/R.

[46] United States - Measures Affecting the Production and Sale of Clove Cigarettes, Report of the Panel, 2 September 2011 (11- 4166), WT/DS406/R.

[47] United States - Measures concerning the importation, marketing and sale of tuna and tuna products, Report of the Panel, 15 September 2011 (11- 4239), WT/DS381/R.

[48] United States - Measures concerning the importation, marketing and sale of tuna and tuna products, Report of the Appellate Body (AB 2012- 2), 16 May 2012 (12- 2620), WT/DS381/AB/R.

[49] Hanf, J. (2008) "Food Retailers as Drivers of Supply Chain Integration: A Review", Australasian agribusiness Review, Vol 16, paper 2.

[50] Hatanaka, M., Bain, C. and Busch, L. (2005). "Third- party certification in the global agrifood system", Food Policy, 30: 354- 369.

[51] Henson, S. and Humphrey, J. (2009). The Impacts of Private Food Safety Standards on the Food Chain and on Public Standard- Setting Processes. Paper prepared for FAO/WHO. Codex Alimentarius Commission. Thirtysecond session, Rome 29 June- 4 July 2009.

[52] Henson, S. and Humphrey, J. (2010). "Understanding the Complexities of Private Standards in Global agri- Food Chains as They Impact Developing Countries, Journal of Development Studies, 46: 1628- 1646.

[53] Hoffmann, R., Höjgård, S., Rabinowicz, E. and Andersson, H. (2010). Djurvälfärd och lönsamhetvar står vi idag. Rapport 2010: 4. agriFood Economics Centre, Lund.

[54] Johnson, R., 2009. Trade and prices with heterogeneous firms. Tech. rep., Working paper, Princeton University and UC Berkeley.

[55] Julian, J., 2003, assessment of the impact of Import detentions on the Competitiveness of Guatemalan Snow Peas in US markets, PhD Thesis, Purdue University.

[56] Shimshack, J., Ward, M., 2008. Enforcement and Overcompliance. Journal of Environmental Economics and Management, 55 (1), 90- 105.

[57] Smith, S., 2012. GAO Chief: We Don' t Know Why OSHA Standards Take So Long. EHS Today, The Magazine for Env ironment, Health and Safety Leaders. Accessed on http: //ehst oday. com/standards/osha/gao- senate- osha- standards- 0419/.

[58] Walter, L., 2010. David Michaels Outlines Goals, Hopes for the

Future of Occupational Safety andHealth. EHS Today, The Magazine for Environment, Health and Safety Leaders. http: //ehstoday. com/standards/osha/asse- david- michaels- outlines- goals- occupational- safetyhealth- 9348/ assessed on 5/27/2012.

[59] Havinga, T. (2010) Regulating halal and kosher foods. Different arrangements between state, industry and religious actors, Erasmus Law Review, 3/4: 241- 255 (Issue on 'Food regulatory regimes and the challenges ahead') .

[60] Gereffi, G. & J. Lee (2012), Why the world suddenly cares about global supply chains, Journal of supply chain management 48/3: 24- 32.

[61] Sansawat, S. & V. Muliyil (2011) Comparing global food saf ety initiative (GFSI) recognized standards. A discussion about the similarities and differences between the requirements of the GFSI benchmarked food safety standards. SGS (http: //w ww. sgs. com/~ /media/Global/Documents/White%20Papers/sgs- global- food- safety- initiative- whitepaper- en- 11. ashx) .

[62] Smith, K., G. Lawrence & C. Richards (2010) 'Supermarkets' governance of the agri- food supply chain: Is the "corporate- environmental" food regime evident in Australia?', International Journal of Sociology of agriculture and Food 17/2: 140- 161.

[63] Van der Kloet, J. (2011) 'Transnational Supermarket Standards in Global Supply Chains. The Emergence and Evolution of Global-GAP', in J. van der Kloet, B. de Hart & T. Havinga (eds), Socio-legal Studies in a Transnational World, Special Issue Recht der Werkelijkheid, (32) 3, p. 200- 219.

[64] Van der Meulen, B. (ed.) (2011) Private Food Law. Governing food chains through contract law, self- regulation, private standards, audits and certification schemes, Wageningen: Wageningen Academic Publishers.

中文文献

[1] 曾令良. 世界贸易组织法[M]. 武汉：武汉大学出版社，1996.

[2] 王伟东. 在对外贸易中政府应对技术性贸易壁垒（TBT）的措施探讨[D]. 沈阳：东北大学，2005.

[3] 杨丽，朱运平. 国际食品法典委员会（CAC）食品与饲料分类标准研究 [J]. 农业标准化，2006, 12: 36- 37.

[4] 陈昌雄，赵辉. 美国食品安全法律制度综述[J]. 中国卫生法制，2005, 9.

[5] 魏启文，崔野韩. 我国采用国际食品法典标准的对策研究[J]. 农业质量标，2005, 6.

[6] 孙玉凤. 入世后中国食品安全法律制度的完善[D]. 北京：对外经济贸易大学，2005.

[7] 霍丽玥. 我国食品安全管理与控制体系研究[D]. 南京：南京农业大学，2004.

[8] 高映. TBT 与我国食品安全的法律问题研究[J]. 经济师，2004, 12.

[9] 陶义. SPS 措施异化的法律防范[D]. 厦门：华侨大学，2006.

[10] 白雪华. TBT 对我国出口贸易的影响及对策分析[D]. 大连：东北财经大学，2005.

[11] 丁彤波. 论《SPS 协议》及《TBT 协议》下世贸成员采取与标准有关措施的原则[D]. 北京：中国政法大学，2006.

[12] 李文敏. WTO《TBT 协定》若干问题研究[D]. 厦门：厦门大学，2006.

[13] 韩立余. WTO 案例及评析：1995－1999[M]. 北京：中国人民

大学出版社，2001.

[14] 陈峰. 提高全民对食品营养及安全的认知是解决食品安全问题的关键[J]. 中国食品学报，2006, 6.

[15] 吴琼. 基于博弈分析的食品安全规制研究[D]. 苏州大学：苏州大学，2010.

[16] 施蕾. 食品安全监管行政执法体制研究[D]. 华东政法大学：华东政法大学，2010.

[17] 张晨博. 论食品安全政府监管的完善[D]. 华中师范大学：华中师范大学，2009.

[18] 虞家琳. 国际食品安全协会在京成立[N]. 中国食品报，2010-04-27（001）.

[19] 郑祖婷，郑菲. "五位一体"食品安全监管创新模式研究——基于河北省食品安全监管的分析[J]. 经济研究导刊，2011（9）.

[20] 余健.《食品安全法》对我国食品安全风险评估技术发展的推动作用[J]. 食品研究与开发，2010（8）.

[21] 杨爱萍. 从食品安全事件看全民食品安全知识的宣传教育[J]. 山西高等学校社会科学学报，2010（12）.

[22] 叶明.《食品安全法》框架下进出口食品安全监管体制初析[J]. 口岸卫生控制，2011（1）.

[23] 白晨，王淑珍，黄玥. 食品安全内涵需要准确把握——"食品安全与卫生学"课程建设中的理解与认识[J]. 上海商学院学报，2009，（6）.

[24] 李然. 基于"逆选择"和博弈模型的食品安全分析——兼对转基因食品安全管制的思考[J]. 华中农业大学学报（社会科学版），2010（2）.

[25] 张永伟，王会敏，郝海鹰，张桃苏.《中华人民共和国食品安全法》实施后食品安全事故的处置[J]. 职业与健康，2010（9）.

[26] 王卫东，赵世琪. 从《食品安全法》看我国食品安全监管体制的完善[J]. 中国调味品，2010（6）.

[27] 李锐，任民红. 超市食品安全消费的博弈分析——佛山市民食品安全意识调查[J]. 特区经济，2010（7）.

[28] 武文涵，孙学安. 把握食品安全全程控制起点——从农药残留视角看我国食品安全[J]. 食品科学，2010（19）.

[29] 曾光霞，贺稚非，励建荣. 食品安全与系统食品安全观探讨[J]. 食品工业科技，2009（5）.

[30] 刘桂华，朱舟，张慧敏，谢建滨，彭朝琼. 食品安全与健康——深圳市卫生部门食品安全保障体系[J]. 化学通报，2009（7）.

[31] 于晓光，宋慧宇. 论《食品安全法》对我国食品安全监管体制的影响[J]. 行政与法，2010（1）.

[32] 孙延峰. 全面抓好《食品安全法》贯彻实施工作 切实保障流通环节食品安全[N]. 中国工商报，2009- 05- 13（A01）.

[33] 赵陈. 加强食品安全监管 提高食品安全水平[N]. 巴中日报，2010- 05- 30（002）.

[34] 支树平. 加强全球合作 维护食品安全[N]. 中国质量报，2010- 11- 09（001）.

[35] 王盼盼. 食品供应链安全（一）食品供应链与食品安全的关系[J]. 肉类研究，2010（1）.

[36] 李涛. 全国学校食堂食品安全专项整治行动深入推进[N]. 中国食品质量报，2010- 06- 01（001）.

[37] 冯琳. 积极构建流通环节食品安全监管长效机制，切实保障食

品市场消费安全[N]. 中国工商报，2011- 06- 16（A01）.

[38] 乐敏，徐祝君．食品安全，商场、超市能得几分？[N]. 舟山日报，2011- 01- 26（002）.

[39] 宗合．建立健全流通环节食品安全监管制度[N]. 阿克苏日报，2009- 06- 01（005）.

[40] 杨林．建立食品安全追溯体系是确保食品安全的最佳思路——以HACCP 认证为基础，导入GS1 系统[J]. 标准科学，2010（8）.

[41] 仇东朝，于春娣，李颖．浅析《食品安全法》对农村食品安全的影响[J]. 农产品加工（创新版），2010（10）.

[42] 汪自成，卢山．问题与对策：从食品安全到《食品安全法》[J]. 南京工业大学学报：社会科学版，2009（1）.

[43] 邢曼媛，侯晶晶．浅议食品安全的刑法规制——从《食品安全法》的角度[J]. 山西高等学校社会科学学报，2009（10）.

[44] 李涛．把好餐饮食品安全最后一道关口[N]. 中国食品质量报，2010- 02- 27（001）.

[45] 康琦，黄官国．共同打好世博餐饮食品安全保障攻坚战[N]. 中国食品质量报，2010- 03- 02（001）.

[46] 易立．食品安全追溯，何时能进百姓的"菜篮子"？[N]. 科技日报，2010- 11- 30（004）.

[47] 邓宏鹰，钟少鸿．广西"少边"力筑食品安全防线 突破差异 各出良策[N]. 中国食品报，2010- 11- 02（003）.

[48] 马晓华．食品安全监管：风暴过后，任重道远[N]. 第一财经日报，2009- 01- 01（T04）.

[49] 赵笛．食品安全法，给我们保障了些什么[N]. 青岛日报，2009- 03- 03（016）.

[50] 长江日报. 中国食品安全总体合格率 90%[EB/OL].

[51] [美]米歇尔·默森，罗伯特·布莱克，安妮·米尔. 国际公共卫生：疾病，计划，系统与政策（原著第二版）[M]. 郭新彪，译. 北京：化学工业出版社，2009.

[52] 韩永红. 论食品安全国际法律规制中的软法[J]. 河北法学，2010, 8.

[53] 石阶平. 食品安全风险评估[M]. 北京：中国农业大学出版社，2010.

[54] 田风辉. 转基因农产品的国际贸易问题研究[D]. 北京：对外经济贸易大学，2001.

[55] 孟雨. 转基因食品引发的国际贸易法律问题及对策[J]. 华中农业大学学报：社会科学版，2011, 6.

[56] 龚向前. 食品安全国际标准的法律地位及我国的应对[J]. 暨南学报，2012, 5.

[57] 文静.《中国的对外贸易》白皮书显示中国出口欧美食品合格率近 100%[N]. 京华时报，2011- 12- 08（004）.

[58] 陈志刚，宋海英，董银果，王鑫鑫. 中国农产品贸易与SPS 措施[M]. 杭州：浙江大学出版社，2011.

[59] 石阶平. 食品安全风险评估[M]. 北京：中国农业大学出版社，2010.